技工院校"十四五"规划服装设计专业系列教材
中等职业技术学校"十四五"规划艺术设计专业系列教材

服装美术基础

石秀萍 张秀婷 何蔚琪 梁泉 主编
余燕妮 林卓妍 姚峰 张峰 副主编

华中科技大学出版社
http://www.hustp.com
中国·武汉

内容提要

本书是技工院校服装设计专业的基础教材。本书根据服装设计专业的特点与职业要求，结合技工院校教学的特点编写而成。本书包括服装美术基础概述、素描训练、人物速写训练、色彩训练、服装美术基础优秀作品赏析等项目，以任务为驱动，注重工学结合、教学做一体化，适合技工院校服装设计专业学生学习和实训。本书的学习项目和学习任务设置紧扣人才培养要求，重点培养学生的艺术造型能力和艺术表现能力，帮助学生构建服装美术基础知识体系。本书可作为技工院校服装设计专业教材，也可作为服装从业人员的培训教材。

图书在版编目（CIP）数据

服装美术基础 / 石秀萍等主编 . — 武汉：华中科技大学出版社，2021.6（2024.8重印）

ISBN 978-7-5680-7202-1

Ⅰ . ①服… Ⅱ . ①石… Ⅲ . ①服装 – 绘画技法 – 教材 Ⅳ . ① TS941.28

中国版本图书馆 CIP 数据核字 (2021) 第 109597 号

服装美术基础

Fuzhuang Meishu Jichu

石秀萍　张秀婷　何蔚琪　梁泉　主编

策划编辑：金　紫

责任编辑：周怡露

装帧设计：金　金

责任监印：朱　玢

出版发行：华中科技大学出版社（中国·武汉）　　电　　话：（027）81321913

　　　　　武汉市东湖新技术开发区华工科技园　　邮　　编：430223

录　　排：天津清格印象文化传播有限公司

印　　刷：武汉市洪林印务有限公司

开　　本：889mm×1194mm　1/16

印　　张：7

字　　数：224 千字

版　　次：2024 年 8 月第 1 版第 3 次印刷

定　　价：48.00 元

技工院校"十四五"规划服装设计专业系列教材
中等职业技术学校"十四五"规划艺术设计专业系列教材
编写委员会名单

● 编写委员会主任委员

文健（广州城建职业学院科研副院长）　　　　　　　宋雄（广州市工贸技师学院文化创意产业系副主任）

叶晓燕（广东省交通城建技师学院艺术设计系主任）　张倩梅（广东省交通城建技师学院艺术设计系副主任）

周红霞（广州市工贸技师学院文化创意产业系主任）　吴锐（广州市工贸技师学院文化创意产业系广告设计教研组组长）

黄计惠（广东省轻工业技师学院工业设计系教学科长）汪志科（佛山市拓维室内设计有限公司总经理）

罗菊平（佛山市技师学院应用设计系副主任）　　　　林姿含（广东省服装设计师协会副会长）

● 编委会委员

陈杰明、梁艳丹、苏惠慈、单芷颖、曾铮、陈志敏、吴晓鸿、吴佳鸿、吴锐、尹志芳、陈思彤、曾洁、刘毅艳、杨力、曹雪、高月斌、陈矗、高飞、苏俊毅、何淦、欧阳敏琪、张琮、冯玉梅、黄燕瑜、范婕、杜聪聪、刘新文、陈斯梅、邓卉、卢绍魁、吴婧琳、钟锡玲、许丽娜、黄华兰、刘筠烨、李志英、许小欣、吴念姿、陈杨、曾琦、陈珊、陈燕燕、陈媛、杜振嘉、梁露茜、何莲娣、李谋超、刘国孟、刘芊宇、罗泽波、苏捷、谭桑、徐红英、阳彤、杨殿、余晓敏、刁楚舒、鲁敬平、汤虹蓉、杨嘉慧、李鹏飞、邱悦、冀俊杰、苏学涛、陈志宏、杜丽娟、阳丽艳、黄家岭、冯志瑜、丛章永、张婷、劳小芙、邓梓艺、龚芷玥、林国慧、潘启丽、李丽雯、赵奕民、吴勇、刘殷君、陈玥冰、赖正媛、王鸿书、朱妮迈、谢奇肯、杨晓玲、吴滨、胡文凯、刘灵波、廖莉雅、李佑广、曹青华、陈翠筠、陈细佳、代小红、古燕苹、胡年金、荆杰、李津真、梁泉、吴建敏、徐芳、张秀婷、周琼玉、张晶晶、李春梅、高慧兰、陈婕、蔡文静、付盼盼、谭珈奇、熊洁、陈思敏、陈翠锦、李桂芳、石秀萍、周敏慧、邓兴兴、王云、彭伟柱、马殷睿、汪恭海、李竞昌、罗嘉劲、姚峰、余燕妮、何蔚琪、郭咏、马晓辉、关仕杰、杜清华、祁飞鹤、赵健、潘泳贤、林卓妍、李玲、赖柳燕、杨俊龙、朱江、刘珊、吕春兰、张焱、甘明坤、简为轩、陈智盖、陈佳宜、陈义春、孔百花、何旭、刘智志、孙广平、王婧、姚歆明、沈丽莉、施晓凤、王欣苗、陈洁冬、黄爱莲、郑雁、罗丽芬、孙铁汉、郭鑫、钟春琛、周雅靓、谢元芝、羊晓慧、邓雅升、阮燕妹、皮添翼、麦健民、姜兵、童莹、黄汝杰、薛晓旭、陈聪、邝耀明

● 总主编

文健，教授，高级工艺美术师，国家一级建筑装饰设计师。全国优秀教师，2008年、2009年和2010年连续三年获评广东省技术能手。2015年被广东省人力资源和社会保障厅认定为首批广东省室内设计技能大师，2019年被广东省教育厅认定为建筑装饰设计技能大师。中山大学客座教授，华南理工大学客座教授，广州大学建筑设计研究院室内设计研究中心客座教授。出版艺术设计类专业教材120种，拥有具有自主知识产权的专利技术130项。主持省级品牌专业建设、省级实训基地建设、省级教学团队建设3项。主持100余项室内设计项目的设计、预算和施工，项目涉及高端住宅空间、办公空间、餐饮空间、酒店、娱乐会所、教育培训机构等，获得国家级和省级室内设计一等奖5项。

● 合作编写单位

（1）合作编写院校

广州市工贸技师学院	广州市蓝天高级技工学校
佛山市技师学院	茂名市交通高级技工学校
广东省交通城建技师学院	广州城建技工学校
广东省轻工业技师学院	清远市技师学院
广州市轻工技师学院	梅州市技师学院
广州白云工商技师学院	茂名市高级技工学校
广州市公用事业技师学院	广东汕头市高级技工学校
山东技师学院	广东省电子信息高级技工学校
江苏省常州技师学院	东莞实验技工学校
广东省技师学院	珠海市技师学院
台山敬修职业技术学校	广东省工业高级技工学校
广东省国防科技技师学院	广东省工商高级技工学校
广东工业大学华立学院	深圳市携创高级技工学校
广东省华立技师学院	广东江南理工高级技工学校
广东花城工商高级技工学校	广东羊城技工学校
广东岭南现代技师学院	广州市从化区高级技工学校
广东省岭南工商第一技师学院	肇庆市商业技工学校
阳江市第一职业技术学校	广州造船厂技工学校
阳江技师学院	海南省技师学院
广东省粤东技师学院	贵州省电子信息技师学院
惠州市技师学院	广东省民政职业技术学校
中山市技师学院	广州市交通技师学院
东莞市技师学院	
江门市新会技师学院	
台山市技工学校	
肇庆市技师学院	
河源技师学院	

（2）合作编写组织

广州市赢彩彩印有限公司
广州市壹管念广告有限公司
广州市璐鸣展览策划有限责任公司
广州波镨展览设计有限公司
广州市风雅颂广告有限公司
广州质本建筑工程有限公司
广东艺博教育现代化研究院
广州正雅装饰设计有限公司
广州唐寅装饰设计工程有限公司
广东建安居集团有限公司
广东岸芷汀兰装饰工程有限公司
广州市金洋广告有限公司
深圳市千千广告有限公司
广东飞墨文化传播有限公司
北京迪生数字娱乐科技股份有限公司
广州易动文化传播有限公司
广州市云图动漫设计有限公司
广东原创动力文化传播有限公司
菲逊服装技术研究院
广州珈钰服装设计有限公司
佛山市印艺广告有限公司
广州道恩广告摄影有限公司
佛山市正和凯歌品牌设计有限公司
广州泽西摄影有限公司
Master 广州市熳大师艺术摄影有限公司

序 言

技工教育和中职中专教育是中国职业技术教育的重要组成部分，主要承担培养高技能产业工人和技术工人的任务。随着"中国制造2025"战略的逐步实施，建设一支高素质的技能人才队伍是实现规划目标的必备条件。如今，国家对职业教育越来越重视，技工和中职中专院校的办学水平已经得到很大的提高，进一步提高技工和中职中专院校的教育、教学和实训水平，提升学生的职业技能，弘扬和培育工匠精神，已成为技工院校和中职中专院校的共同目标。而高水平专业教材建设无疑是技工院校和中职中专院校教育特色发展的重要抓手。

本套规划教材以国家职业标准为依据，以综合职业能力培养为目标，以典型工作任务为载体，以学生为中心，根据典型工作任务和工作过程设计教学项目和学习任务。同时，按照工作过程和学生自主学习的要求进行内容设计，实现理论教学与实践教学合一、能力培养与工作岗位对接合一、实习实训与顶岗工作合一。

本套规划教材的特色在于，在编写体例上与技工院校倡导的"教学设计项目化、任务化，课程设计教、学、做一体化，工作任务典型化，知识和技能要求具体化"紧密结合，体现任务引领实践的课程设计思想，以典型工作任务和职业活动为主线设计教材结构，以职业能力培养为核心，将理论教学与技能操作相融合作为课程设计的抓手。本套规划教材在理论讲解环节做到简洁实用，深入浅出；在实践操作训练环节体现以学生为主体的特点，创设工作情境，强化教学互动，让实训的方式、方法和步骤清晰，可操作性强，并能激发学生的学习兴趣，促进学生主动学习。

本套规划教材由全国40余所技工院校和中职中专院校服装设计专业共60余名一线骨干教师与20余家服装设计公司一线服装设计师联合编写。校企双方的编写团队紧密合作，取长补短，建言献策，让本套规划教材更加贴近专业岗位的技能需求，也让本套规划教材的质量得到了充分的保证。衷心希望本套规划教材能够为我国职业教育的改革与发展贡献力量。

技工院校"十四五"规划服装设计专业系列教材
中等职业技术学校"十四五"规划艺术设计专业系列教材

总主编

教授 / 高级技师 **文健**

2021年5月

前 言

在现代服装行业人才细分化趋势越来越明显的大环境下，各服装岗位对从业人员的职业素养要求也越来越高，其中具备较强的绘画造型能力和较高的艺术审美能力是基本要求。本书针对技工院校学生的特点，在编写体例上与技工院校倡导的理实一体化、学习任务典型化、知识和技能要求具体化等要求紧密结合，体现任务引领，以典型学习任务和学习活动为主线设计教学结构，同时以岗位能力基础知识与基础技能的培养为核心，项目设置以美术造型基础技法训练为主，部分任务倾向人物与服装表现方面。本书将技工和职业院校学生学习难点提炼出来进行强化训练。本书的范例采用了典型素材，难易适中，涉及面广，适合技工学生使用。本书理论知识深入浅出，范例图文并茂，示范步骤清晰，各任务设置紧扣项目要求，可操作性强，可激发学生的学习兴趣，提升学生主动学习的兴趣。

本书分为5个训练项目，共18个学习任务，内容包括服装美术基础概述、素描训练、人物速写训练、色彩训练、服装美术基础优秀作品赏析，以任务为驱动，注重工学结合、教学做一体化，适合技工院校服装设计专业学生学习和实训使用。教师可采用多种教学模式，如微课、翻转课堂等适宜技工院校特点的教学模式，也可适当插入试错教学环节，评价手段可采用学生展示自评、他评、小组讨论评价、教师综合评价等方式。

本书在编写过程中得到了广州城建职业学院、广东省粤东技师学院、广东省交通城建技师学院、广东省轻工业技师学院等多所技工院校师生的大力支持，在此表示衷心感谢。本书项目一的学习任务一和学习任务四由石秀萍编写；项目五由张秀婷编写；项目三的学习任务二和项目四的学习任务一、学习任务二由何蔚琪编写；项目一的学习任务二、学习任务三和项目二的学习任务三由梁泉编写；项目四的学习任务三、学习任务四由余燕妮编写；项目二的学习任务一、学习任务二由林卓妍编写；项目三的学习任务一、学习任务三、学习任务四由姚峰编写。本书由张峰提供部分图片并统稿。由于编者学术水平有限，本书难免存在不足之处，敬请读者批评指正。

石秀萍

2021.03.03

课时安排（建议课时65）

项目	课程内容		课时
项目一 服装美术基础概述	学习任务一 美术的基础知识	1	10
	学习任务二 透视原理与应用	4	
	学习任务三 构图知识与应用	4	
	学习任务四 服装美术基础的学习目的和方法	1	
项目二 素描训练	学习任务一 素描的基础知识与工具材料	5	14
	学习任务二 石膏几何体素描训练	5	
	学习任务三 静物素描训练	4	
项目三 人物速写训练	学习任务一 速写的基础知识与工具材料	6	21
	学习任务二 人物头部的速写训练	3	
	学习任务三 人物手和脚的速写训练	6	
	学习任务四 人物着装速写训练	6	
项目四 色彩训练	学习任务一 色彩基础知识	3	14
	学习任务二 水粉绘画训练	3	
	学习任务三 水彩绘画训练	4	
	学习任务四 马克笔绘画训练	4	
项目五 服装美术基础优秀作品赏析	学习任务一 优秀素描作品赏析	2	6
	学习任务二 优秀速写作品赏析	2	
	学习任务三 优秀色彩作品赏析	2	

目 录

项目一
服装美术基础概述

学习任务 一

美术的基础知识

教学目标

（1）专业能力：能够让学生认识和理解美术的基础知识。

（2）社会能力：能通过课堂问答、小组讨论，提升学生的表达与交流能力。

（3）方法能力：能通过美术范例的介绍与分析，加深学生对美术的认知。

学习目标

（1）知识目标：了解美术的类别和美术中的三大关系。

（2）技能目标：能正确区分美术的类别。

（3）素质目标：提高美术鉴赏能力和艺术创新能力。

教学建议

1. 教师活动

（1）教师进行知识点讲授和美术作品范例介绍。

（2）引导课堂师生问答，互动分析知识点。

（3）引导课堂小组讨论。

2. 学生活动

（1）认真听课，积极思考问题，与教师良性互动。

（2）积极进行小组间的交流和讨论。

一、学习问题导入

图 1-1 ~ 图 1-3 分别为服装效果图、服装插画和服装款式图。要学好服装设计，应具备一定的造型能力和色彩感知能力。我们应先学好美术的基础知识，为从事服装设计与制作打好基础。

图 1-1 服装效果图　陈翠锦　作

图 1-2 服装插画 Fouatons 作

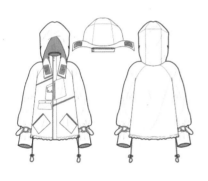

图 1-3 服装款式图　陈翠锦　作

二、学习任务讲解

1. 美术的基本概念

美术又称"造型艺术""视觉艺术"，是用一定的物质材料（如颜料、纸张、画布、泥土、石头、木材、金属等）塑造可视的平面或立体的视觉形象，以反映自然和社会生活，表达艺术家思想观念和感情的一种艺术活动。

美术的范围非常广泛，可以分成观赏性美术和实用性美术两种类型。

观赏性美术主要包括绘画和雕塑两大类。根据使用的物质材料和工具的不同，绘画又可分为中国画、油画、水彩画、水粉画、版画、素描等画种。雕塑有圆雕和浮雕等多种形式，所用材料有石头、木材、泥土、石膏、青铜等。

实用性艺术包括两大类，即工艺美术和建筑。工艺美术包括传统手工艺术、现代工业美术和现代商业美术三大部分。传统手工艺术包括制作玉雕（图 1-4）、象牙雕刻、漆器、金属工艺品等；现代工业美术包括制作满足人们精神生活需要的适用而美观的生活用品，如陶瓷（图 1-5）、玻璃器皿、家具等；现代商业美术包括设计和制作商品标志、包装装潢和商业广告等。建筑之所以属于美术的范围，是因为建筑本身包含设计和制作技术科学和艺术（图 1-6）。

图 1-4 玉雕（工艺美术）　　图 1-5 青花瓷器（工艺美术）　　图 1-6 米兰大教堂（哥特式建筑）

2. 观赏性美术——绘画的类别

　　绘画是美术中最主要的一种艺术形式。它使用笔、刀等工具，墨、颜料等材料，通过线条、色彩、明暗及透视、构图等手段，在纸、纺织品、木板、墙壁等平面上，创造出直观并具有一定形状、体积、质感和空间感觉的艺术形象。绘画可以反映创作者的思想、感情和世界观，同时还具有强烈的视觉美感。绘画的类别包括素描、速写、水粉画、水彩画、中国画（图 1-7）、油画（图 1-8）等。

图 1-7 中国画 齐白石 作　　　　　图 1-8 油画《星月夜》 梵·高 作

　　（1）素描。

　　素描广义上是指一切单色的绘画，狭义上是指使用单一色彩表现明度变化的绘画。素描的特性是排除了色彩因素，使作画者能更为集中地观察和表现对象的形体造型、块面结构、质感和立体感。素描按表现手法可以分为结构素描和明暗素描（图 1-9 ~ 图 1-11）。服装美术初学者可以从这两方面进行训练。学习素描能够培养绘画者的观察能力、造型能力和艺术处理能力，以及在二维平面上塑造三维空间的能力，可以有效提高观察事物与再现事物的能力。

图 1-9 明暗静物素描 李高阳 作

图 1-10 结构素描

图 1-11 结构素描 郑乃器 作

（2）速写。

速写属于素描的一种，是一种快速的写生方法。速写不但是造型艺术的基础，也是一种独立的艺术形式。速写按照表现方式可以分为勾线速写（线描）和明暗速写（图1-12），按照表现对象的姿态可以分为静态速写（图1-13）和动态速写。对于初学者来说，速写是一项训练快速造型能力的画种，其以一种简约、概括的表现方式快速捕捉物象的主要特征。速写既能培养敏锐的观察能力，也能培养绘画概括能力，还可以为创作积累大量素材。

图1-12　明暗速写　蔡玉水　作　　　　　　　图1-13　静态人物速写　于小冬　作

（3）水粉画。

水粉画是使用水调和的粉质颜料绘制而成的一种画（图1-14和图1-15）。其特点为色彩厚重，层层覆盖，画面艳丽、柔润、明亮、浑厚。学习水粉画可以很好地训练学生的色彩组合能力，并通过调色加深学生对色彩特性的理解。

图1-14　静物水粉画　　　　　　　　图1-15　人物水粉画　吕思佳　作

（4）水彩画。

水彩画是使用水调和的水彩颜料所作的画（图1-16和图1-17）。水彩颜料本身具有透明性，绘画过程中与水交融，水色的结合表现出干湿、浓淡的变化，产生透明清新、酣畅淋漓的视觉效果，可以表现出飘逸、灵动的美感。

图1-16　风景水彩画　　　　图1-17　人物水彩画　林闻琪　作

3. 美术中的三大基本关系

在美术中最重要的三个关系是结构关系、素描关系和色彩关系（图1-18）。简而言之，结构关系是物体的透视关系和造型结构，结构关系是理解形体的基础。素描关系主要研究光影的变化规律，一个物体在光源照射下会产生黑、白、灰等不同的明暗变化。素描关系中最重要的就是三大面和五大调。色彩关系研究不同的色彩互相融合产生的影响，比如对比色、邻近色等。美术中的三大基本关系是美术基础训练的前提。

图1-18　美术中的三大基本关系图

三、学习任务小结

通过本次任务的学习，同学们对美术的基本概念和绘画的类别有了初步的了解，赏析了美术作品，提升了美术鉴赏能力和艺术审美能力，丰富了美术领域的认知。课后，同学们还要通过各种渠道收集美术的相关资料和优秀作品，并进行分类整理，开拓自己的艺术眼界。

四、课后作业

收集素描、速写、水粉画作品各5幅，并描述它们的特点。

学习任务

二

透视原理与应用

教学目标

（1）专业能力：通过讲解透视的基本知识，让学生能够将透视知识运用到绘画实践中。

（2）社会能力：让学生分析日常场景、绘画作品、摄影作品中的透视现象。

（3）方法能力：提高学生实践操作能力、绘画表达能力。

学习目标

（1）知识目标：理解并掌握透视的基本原理和表现方法。

（2）技能目标：通过绘画方式在画面中表达透视效果。

（3）素质目标：培养学生自主学习、细致观察、举一反三、理论与实操相结合的能力。

教学建议

1. 教师活动

（1）教师通过展示图片，分析透视形成的原理，提高学生对透视的直观认识。

（2）教师通过示范操作，指导学生绘制透视图。

2. 学生活动

（1）认真听课，观看作品，加强对透视原理的感知。

（2）完成课堂任务，绘制平行透视和余角透视图，加强实践与总结。

一、学习问题导入

各位同学，大家好！如图 1-19 所示，很多人小时候都画过这样一些可爱的小画。再仔细观察一下，请问图中房屋能看到烟囱顶面吗？按图 1-20 修正后感觉房屋的视觉效果更加符合实际。这就是在绘画中运用透视知识进行表现的优势。在本次学习任务中，老师将带领大家一起学习透视原理的相关知识。

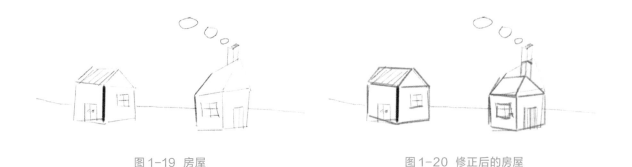

图 1-19 房屋   图 1-20 修正后的房屋

二、学习任务讲解

1. 透视的概念

透视即"透而视之"，即通过一层透明的平面去研究后面物体形状的视觉科学。简单来说，透视就是在平面上表现出立体的感觉。这里的立体包括物体体积感、立体感和空间距离感。以砖块为例，如图 1-21 所示，左图是未运用透视画出的平面图，右图是运用透视画出的立体图。

当我们观察物体时，由于距离和位置不同，物体形态发生改变，产生近大远小的视觉效果，这就是透视现象。如图 1-22 所示，两条一样大的船，由于 A 船离观察者的位置近，在画面中外形看起来比 B 船大。如图 1-23 所示，画面中的栏杆由近到远越远越密。近端的物体大，远端的物体小，由大到小的变化过程就是一种透视现象。

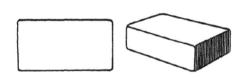

图 1-21 砖块平面图与立体图

图 1-22 透视现象一   图 1-23 透视现象二

2. 透视的基本术语

（1）视点：人眼睛所在的位置，即眼球所在的一点。

（2）视线：视点与可视物体的任何部位之间的假想连线。

（3）中视线：视锥的中心轴，是视点与心点的连线，与画面垂直。

（4）视锥：视点与无数条视线构成的圆锥体。

（5）视域：固定视点时目力所及的最大范围。

（6）心点：中视线与视平线垂直相交的点。

（7）视距：视点到心点相连的视线，是视线中离画面最短、最正中的一条线，代表视点与画面的距离。

（8）消失点：也称灭点，物体由于近大远小的透视变化，渐渐缩小为一点，即透视线的消失点。

（9）地平线：视觉中天地交界的水平线。地平线是远处景物在人视网膜上的错觉反映，是虚拟的一条线。在一般情况下，平视时地平线与视平线重合，俯视时视平线高于地平线，仰视时视平线低于地平线。

（10）视平线：与画者眼睛平行的水平线。

透视原理解构图如图 1-24 和图 1-25 所示。

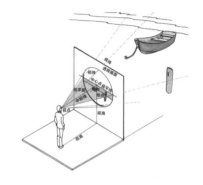

图 1-24 透视原理解构图一

3. 透视的分类

根据不同的观察角度和位置，透视现象大致可以分为三类。正面观察物体时会产生一点透视的现象，如图 1-26 所示。侧面观察物体时会产生两点透视的现象，如图 1-27 所示。从极高或极低处观察物体时会产生三点透视的现象，如图 1-28 所示。

图 1-25 透视原理解构图二

图 1-26 正面观察物体

图 1-27 侧面观察物体

图 1-28 从高处观察物体

（1）一点透视。

如图1-29所示，人站在道路正对面，街道与两旁建筑的视线向远处延伸交会消失于一点。这种透视现象构成了一点透视，又称平行透视。它的特征是人的视角观察到物体的正面，视线由近到远最终会形成一个消失点。这个消失点位于水平线与中视线的交叉位置，无论画面中的物体处于哪种角度，最终都会汇聚到这一个点。如图1-30所示，当消失点在物体外侧时，可看到两个面，当消失点在物体上方时，能看到三个面；当消失点在物体内侧时，只能看到一个面。它的特点是不论什么物体都可以归纳、概括在一个几何体中，只要有一个面与画面平行，就可以利用一点透视（平行透视）来作画。一点透视适合表现透视变化不大的物体。

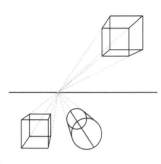

图1-29 街道一点透视图解　　图1-30 一点透视结构图解

（2）两点透视。

如图1-31所示，当人从立体角度观察物体时，物体的两侧都会产生近大远小的关系。把近大远小的线延伸，它们会相交于视平线上的两个消失点，这就产生了两点透视现象。如图1-32所示，物体有一组垂直线与画面平行，其他两组线均与画面成一定角度，而每组有一个消失点，共有两个消失点，被称为两点透视。两点透视图的画面比较自由、活泼，能比较真实地反映空间立体感和物体的正侧两面。

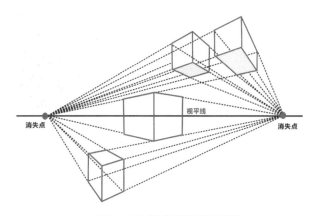

图1-31 建筑两点透视　　　　图1-32 两点透视结构图解

（3）三点透视。

如图1-33所示，该建筑物高大宏伟，人需要仰视才能观其全貌。在仰视的情况下，透视画面与原来垂直的建筑物有了倾斜角度，即产生三点透视现象。如图1-34所示，一个高于观察者视平线的物体除了产生两点透视之外也会在其顶部产生另一个消失点，三个消失点同时存在，称为三点透视。

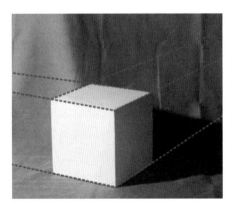

图 1-33 建筑三点透视

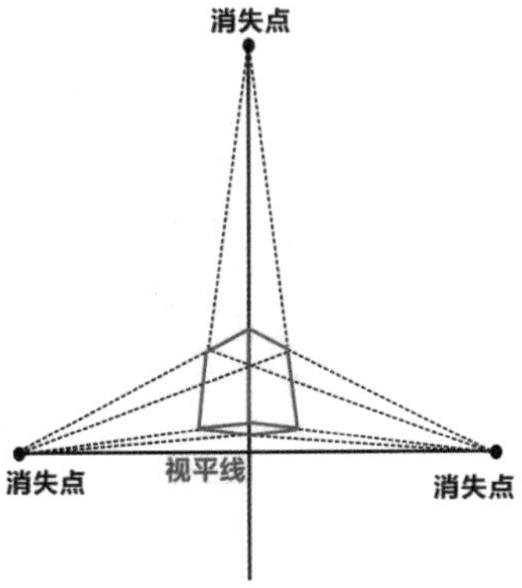

图 1-34 三点透视结构图解

4. 透视与绘画表现

（1）绘画步骤。

在绘画中，只要运用了透视的基本规律，在平面的画纸上把物体立体感呈现出来。可以分为两步进行。

步骤一：确定所观察对象的角度是正面还是侧面。延长与视线不平行的线能消失于一点，是一点透视。画面所有线条延长都消失于两个点的是两点透视。在实际的绘画过程中，只需画出物体的几条透视线条就可以清楚地了解物体是一点透视还是两点透视。如图 1-35 所示的正方体有两个消失点，所以是两点透视。

步骤二：确定透视类别后，根据透视规律，如近大远小、近实远虚、近宽远窄、近疏远密来描绘画面内容。如图 1-36 蓝色方形比黄色方形大。

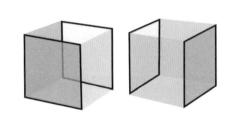

图 1-35 透视绘画步骤一

图 1-36 透视绘画步骤二

（2）圆透视与圆柱体透视的绘画表现。

如图 1-37 所示，圆的透视要依据近大远小的规律，可以根据透视的角度画出不同的方形以及方形各边的中点和对角线，保持近大远小的规律，以对角线交点为圆心，将正方形各边中心连成椭圆形。

如图 1-38 所示，掌握了圆透视的画法，画圆柱体时可以先画一个立方体的透视图，再按圆透视的画法在立方体的前后两个面上画圆，最后画出圆柱体的外轮廓线。

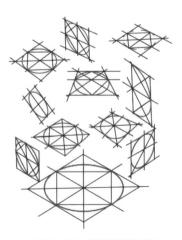

图 1-37 圆的透视图解

三、学习任务小结

通过本次任务的学习，同学们已经初步了解了透视的基本原理和绘画方式。课后，同学们需要用透视的眼光对绘画作品进行分析，加深对透视的理解，在绘画过程中也要紧密结合透视规律进行练习，提高绘画空间表现能力。

四、课后作业

（1）寻找生活中具有透视现象的画面，拍照记录，分析它们的透视原理。

（2）绘制立方体和圆柱体的一点透视图和两点透视图。

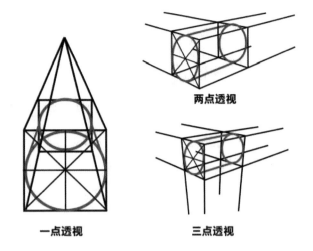

两点透视

一点透视

三点透视

图1-38　圆柱体透视图解

学习任务 三

构图知识与应用

教学目标

（1）专业能力：通过让学生学习构图基本表现方式，将构图知识运用到绘画实践中。

（2）社会能力：培养学生在日常生活中运用构图知识发现美、认识美的能力。

（3）方法能力：培养学生案例分析、提炼及应用能力，作品分析与欣赏能力。

学习目标

（1）知识目标：掌握构图基本知识，能运用不同的构图方式表现画面物体组合关系。

（2）技能目标：能够合理布局物品，通过绘画方式在画面上表现出来。

（3）素质目标：能够大胆、清晰地表述自己的构图画面，具备团队协作能力和一定的语言表达能力。

教学建议

1. 教师活动

（1）教师通过展示绘画案例中的图片，提高学生对构图的直观认识。

（2）教师通过运用多媒体课件、教学视频等多种教学手段进行范例讲解，分析作品构图的巧妙之处，指导学生进行物品排列构图。

（3）让学生学会赏析作品，提高学生的动手能力和分析能力。

2. 学生活动

（1）在教学课堂上设置课堂练习，让同学们利用所学知识，将自己现有的东西，例如书本、铅笔、橡皮等，以合理的构图摆放在桌面上。

（2）同学们分组进行课堂练习，积极进行小组之间的交流和讨论，加深学生对构图知识的理解与记忆。

（3）同学们课后用手机拍摄生活中各种构图场景，并对场景构图进行总结与分析，在课堂上让学生进行现场展示和发言汇报，训练学生的语言表达能力和沟通协调能力。

一、学习问题导入

各位同学，大家好！本次课我们来学习构图的知识。构图是什么？构图有什么作用？当我们面对画纸时，第一个问题就是横着画还是竖着画，要画多大，怎样排列布局。请同学们观察图 1-39 和图 1-40 的构图有何区别。

图 1-39 构图一 Kelogsloops 作　　　　图 1-40 构图二 Kelogsloops 作

二、学习任务讲解

1. 构图的作用

构图是根据特定主题的要求，在一定的空间内把个别或局部的形象适当地组织起来，构成一个协调、完整的画面的方法。构图的目的在于增强画面表现力，更好地表达画面内容，使主题突出，意图明确。采用合理的构图方法可以让画面更加美观、生动。

2. 构图的原则

构图的基本原则是统一与变化。统一趋于安静感，给人一种安定、调和、有条不紊的感觉，但过分统一容易单调、乏味，失去美感。变化趋于动感，给人以鲜明、强烈、丰富多彩的感觉，但变化过多容易给人一种杂乱、松散的感觉（图 1-41 ~ 图 1-43）。

图 1-41 静物摆放单调而乏味　　　图 1-42 静物摆放多样但有散乱感　　　图 1-43 静物摆放左右均衡，聚散得
　　　　　　　　　　　　　　　　　　　　　　　　　　　　　　　　　　　　当，符合统一与变化原则

图1-44　水平构图《麦田》梵·高　作

3. 构图的表现形式

构图是作画过程的第一步，常见的构图表现形式有水平构图、垂直构图、三角形构图、对角线构图、C 形构图、S 形构图等。

水平构图通常适合表现横向感较强的画面，其主导线是向画面的左右方向发展，或者在画面中横向较竖向宽。水平构图可以使画面稳定、平和，增强画面的稳定感。水平构图一般用于表现大自然的广阔与平静，比如山川、平原和海岸，也常见于风景摄影作品中，如图1-44所示。在静物绘画中，水平构图物体的纵向空间层次较少，为了让画面丰富，各个物体要在形状、大小、高矮、颜色等因素上形成对比，同时还要安排好位置，形成前后的空间层次（图1-45）。

垂直构图以垂直线为主（如树木、建筑），易给人距离感，增加画面深度，如图1-46所示。

三角形构图通常把主体放在中心，突出重点，使画面平衡、稳定，是绘画构图中常用的构图形式，如图1-47所示。三角形构图也可以以三个视觉中心为绘画的主要位置，三个视觉中心形成一个稳定的三角形，如图1-48所示。三角形的三条边由不同方向的直线合拢而成，不同的线条组成不同的主体，层次明确，错落有致，如图1-49所示。

图1-45　水平构图　陈华东　作

图1-46　垂直构图

图1-47　三角形构图 Kelogsloops 作

图1-48　三角形构图《溢火流金》 梁泉　作

图1-49　三角形构图　谭桦东　作

对角线构图把主体安排在对角线上，有立体感、延伸感和运动感，能突出主体，使画面主次分明，极具视觉张力，通常适用于人物、静物等题材，如图1-50和图1-51所示。

C 形构图和 S 形构图是竖向构图的一种表现形式。这两种构图方式使画面显得生动、活泼，具有流动性，更容易表现场景的空间感和深度，如图 1-52 和图 1-53 所示。在静物素描中，C 形构图视觉中心往往在纵轴偏上部位，画面中物体的摆放位置呈 C 形，前后静物的空间层次感较强，如图 1-54 所示。

图 1-50　对角线构图　潘鸿海 作　　　图 1-51　对角线构图　谭桦东 作

图 1-52　C 形构图　　　　图 1-53　S 形构图　　　　图 1-54　C 形构图
　安德斯·佐恩 作　　　　　胡也佛 作　　　　　　　谭桦东 作

三、学习任务小结

　　通过本次任务的学习，同学们已经初步了解了构图的作用和原则，掌握了水平构图、垂直构图、三角形构图、对角线构图、C 形构图和 S 形构图的表现方法。课后，大家要对这几种构图进行反复练习，做到熟能生巧。

四、课后作业

　　每 5 人为一组，用提供的物品轮流摆放出五种构图。拍照记录后制作成 PPT 进行展示讲解。

学习任务 四 服装美术基础的学习目的和方法

教学目标

（1）专业能力：让学生了解服装美术基础的学习目的和方法。

（2）社会能力：让学生提高对服装美术基础的学习兴趣，提高美术认知能力。

（3）方法能力：提高学生艺术审美能力和语言表达能力。

学习目标

（1）知识目标：了解服装美术基础的学习目的，掌握正确的学习方法。

（2）技能目标：能描述服装美术基础的学习目的。

（3）素质目标：培养良好的学习态度和对专业知识的探索精神。

教学建议

1. 教师活动

（1）教师介绍服装美术基础的学习目的，引导学生对美术学习产生兴趣，树立正确的学习态度和目标。

（2）教师介绍服装美术基础的学习方法，引导学生深刻理解学习方法的内涵。

2. 学生活动

（1）认真听教师讲解课程内容，积极思考。

（2）积极提出问题，回答问题，参与课堂讨论，与师生良性互动。

一、学习问题导入

同学们仔细观察图1-55和图1-56，分析它们是利用什么工具绘制的。其实，它们都是利用电脑绘制的。现代服装企业的服装设计工作基本都是利用智能制造设备完成的，但即使再先进的智能制造设备，也不能完全替代人的审美和创造。在用电脑设计各类服装图形时，也需要运用美术知识。

图 1-55 服装效果图 王庆书 作

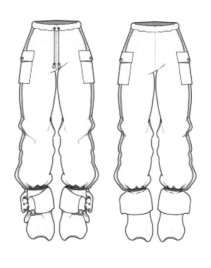

图 1-56 服装款式图 陈翠锦 作

二、学习任务讲解

1. 服装美术基础的学习目的

（1）提升艺术感知能力。

在美术训练中，感知是指通过第一印象的感觉综合理解与分析描绘对象，并深化以达到把握对象本质的思维过程。19世纪法国的素描画家德加说过："素描画的不是形体，而是对形体的观察。"即绘画所表现的不是形体，而是表现绘画者对形体的认识。因此，在美术训练中练习"眼"的观察是表象，练习"脑"的思维是内核。通过学习服装美术知识，学生们可以提升艺术感知能力和设计思维能力，提高艺术造型能力、艺术概括能力、敏锐的观察能力和艺术表现能力，为服装设计和创作打下坚实的基础。

（2）能运用艺术法则与规律进行创作。

艺术法则和规律是提高艺术感知能力的重要条件，包括空间透视法则、形式美法则、解剖与运动规律、形体结构规律、艺术表现规律等。学习这些艺术法则和规律，学生们可以理解艺术创作的本质，并运用这些法则创作。

（3）能理解并掌握一定的美术表现技巧。

艺术表现技巧包括造型表现技巧、色彩搭配技巧、画面构图技巧等，是进行服装美术创作的基础和必备技能。服装美术基础的学习可以从造型、色彩、构图等方面进行，帮助学生们提升对美的判断和鉴赏能力，理解并掌握一定的美术表现技巧。

2. 服装美术基础的学习方法

（1）脑与手结合。

在服装美术基础的学习中，脑与手的训练是相辅相成的。脑的训练偏重于认识与理解的思维训练，手的训练偏重于技能技巧的实践训练。从某种意义上讲，造型能力的形成与发展正是在脑与手的相互作用之中实现的。

（2）观察与理解结合。

服装美术基础学习中要仔细观察，认真分析，提高对形体的理解力，尽量真实地再现物体的形态和结构。

（3）整体与细节结合。

在服装美术基础习作画面的处理上要注重整体性，在把握画面整体明暗关系和色彩关系的基础上，提高对局部、物体肌理、质感和色度等细节的刻画能力，使画面层次更加丰富。

（4）分析与实践结合。

分析和理解优秀服装美术作品的表现方法，然后通过实践掌握这些表现方法，逐步提高自己的绘画表现能力。

（5）勤勉与归纳、总结结合。

服装美术基础训练主要包括临摹和写生两个过程，前期通过临摹各类优秀作品，积累一定的绘画经验和表现技巧。后期通过写生训练检验技法运用的熟练程度，并不断归纳与总结方法，逐步提高自身的艺术表现力。

三、学习任务小结

通过本次任务的学习，同学们初步了解了服装美术基础学习目的，掌握了服装美术基础的学习方法，为今后服装美术基础的学习做好准备。

四、课后作业

（1）查询资料，谈谈服装美术基础对服装学习的重要性。

（2）根据服装美术基础的学习方法，结合自身的特点谈谈对其中两个方法的认识。

项目二
素描训练

学习任务 一 素描的基础知识与工具材料

教学目标

（1）专业能力：讲解素描的基本概念、分类和基本原理，常用工具材料。

（2）社会能力：让学生理解素描学习的目的，能赏析优秀素描作品。

（3）方法能力：培养学生细致的观察能力、严谨的造型能力、素描写生能力。

学习目标

（1）知识目标：了解素描的基本概念和表现形式。

（2）技能目标：掌握各种素描工具材料的使用方法

（3）素质目标：养成良好的绘画习惯，提高艺术审美能力。

教学建议

1. 教师活动

（1）教师展示优秀素描作品图片，并对作品的表现手法、构图形式等理论知识进行分析讲解。

（2）教师对临摹（写生）对象进行分析讲解，并进行示范。

2. 学生活动

（1）熟悉素描工具材料的使用方法。

（2）观看教师的示范，在教师指导下进行素描临摹和写生训练。

一、学习问题导入

素描是一种古老的绘画方式，在距今上万年的史前时代，人类就已经开始使用素描进行绘画活动了，如图2-1和图2-2所示。

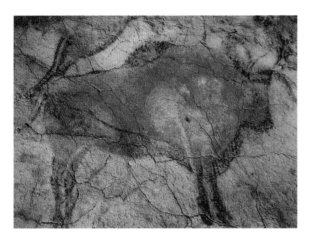

图 2-1 阿尔塔米拉洞窟壁画局部

图 2-2 法国拉斯科洞窟内部壁画

二、学习任务讲解

1. 素描的基本概念

素描泛指一切单色的绘画，是使用单一色彩表现明度变化的绘画。素描水平是反映绘画者空间造型能力的重要指标之一。素描初期被视为绘画习作的底稿，很多艺术大师在艺术创作之前都要做大量的素描草稿练习，如图2-3～图2-5，是达·芬奇《最后的晚餐》及其前期的素描草稿。

素描一般使用铅笔、炭笔、木炭条、钢笔等工具，运用线条、结构、比例、透视、明暗等造型因素来再现形体。素描是一切造型和绘画的基础，是绘画创作的训练手段。

图 2-3 《最后的晚餐》达·芬奇 作

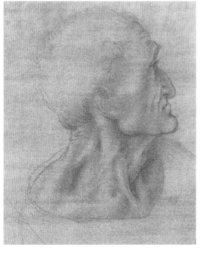

图 2-4 《最后的晚餐》犹大素描稿　　图 2-5 《最后的晚餐》耶稣素描稿

2. 素描的分类

素描按内容可分为石膏素描、静物素描、人物素描、风景素描等，按工具可分为铅笔素描、炭笔素描、钢笔素描等，从表现手法上可分为结构素描和明暗素描。

结构素描是以线条为主要表现手段，着重研究对象的造型、空间和内部结构的素描表现技法。这种表现技法相对比较理性，可以忽视对象的光影、质感和明暗等外在因素，如图 2-6 和图 2-7 所示。

明暗素描是指以明暗色调为主要表现手段的素描形式，通过光影在物体上的变化来体现物体丰富的明暗层次，具有较强的表现力，如图 2-8 和图 2-9 所示。

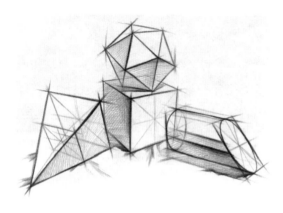

图 2-6 结构素描一

图 2-7 结构素描二

图 2-8 明暗素描头像 丢勒 作

图 2-9 明暗素描衣纹 达·芬奇 作

3. 素描的基本原理

物体在光线的照射下会呈现出三大面和五大调的色调变化规律。

（1）三大面。

三大面是指亮面、灰面、暗面，简单来说就是黑、白、灰。三大面是物体受光后被分成的三个大的明暗区域。受光线照射较充分的一面为亮面；背光的一面为暗面；介于亮面与暗面之间的部分为灰面。

　　（2）五大调。

　　五大调是指高光、中间调、明暗交界线、反光和投影，如图2-10和图2-11所示。

　　高光：高光不是光，而是物体在光源照射下最亮的部分，通常是一个点或者一个小块面，越光滑的物体高光部分越强。

　　中间调：中间调一般是物体本身的颜色。

　　明暗交界线：明暗交界线不是一条线，而是一个面，是物体灰部和暗部的交界部分。光线越强、硬度越高的物体明暗交界线越明显。

　　反光：暗部由于受周围物体的反射作用，会产生反光。反光作为暗部的一部分，一般要比亮部最深的中间颜色要深。

　　投影：投影跟光线强弱和材质有密切的联系。物体边缘的投影颜色较深。

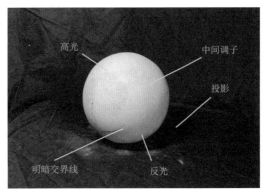

图2-10　正方体三大面关系　　　　　　　　　　图2-11　球体五大调关系

4.素描的工具材料

　　素描的工具材料分为笔、纸、辅助工具三大类。这些工具材料可细分如下。

　　（1）铅笔。

　　铅笔质感细腻，便于修改，容易刻画，是初学者的理想工具。美术铅笔以字母"H"和"B"进行硬度区分。"H"前面的数字越大，硬度越高，色度越淡；"B"前面的数字越大，软度越高，色度越浓。

　　（2）炭笔。

　　炭笔由木炭粉制成，表面粗糙，着色浓重，表现力强。炭笔画比铅笔画更具有视觉冲击力。但是炭笔不易修改，难擦拭。炭笔分为硬性、中性、软性三种，笔芯越软，色度越黑。

　　（3）木炭条。

　　木炭条一般由柳木枝条烧制而成，质地松脆，色泽较黑，配合纸巾可以擦拭出柔和的色调，适合起稿和铺色调。但其附着力较差，不易深入刻画，绘制完成后需喷定画液，否则极易掉色，破坏效果。

（4）炭精棒。

炭精棒质地坚硬，附着力较强，可不用定画液，较难修改。

（5）素描纸。

素描纸有细纹和粗纹之分，初学者可选用纸面略粗糙且质地坚实的纸张进行练习。素描纸的正反面可以根据纹路的光滑程度来区分，较为粗糙的是正面。

（6）辅助工具。

素描除了用到纸、笔以外，还需要用到一些辅助工具，如橡皮擦、美工刀、胶带、纸笔、高光笔、定画液等，如图 2-12 所示。

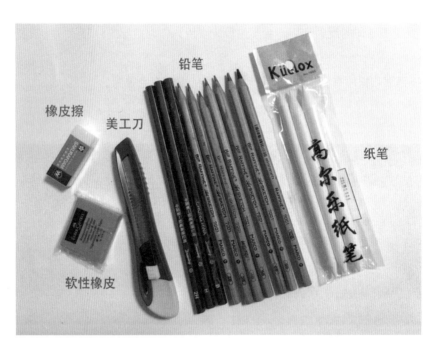

图 2-12　常用素描工具

三、学习任务小结

通过本次学习，同学们已经对素描的基础知识以及工具材料有了基本的认识。课后，大家要搜集更多的优秀素描作品进行拓展学习，同时学会使用素描工具，临摹一些优秀的素描作品，提高绘画表现能力。

四、课后作业

收集中外艺术家素描作品 20 幅，制作成 PPT 进行讲解。

学习任务 二

石膏几何体素描训练

教学目标

（1）专业能力：讲解素描写生的方法，让学生准确运用透视规律表达石膏几何体的形体特征。

（2）社会能力：培养学生认真观察、概括归纳的能力，培养空间全局意识。

（3）方法能力：提高学生艺术欣赏能力、概括归纳能力、造型表现能力。

学习目标

（1）知识目标：掌握石膏几何体的写生作画步骤。

（2）技能目标：能准确绘制石膏几何体的透视关系和光影规律。

（3）素质目标：学会分解简单的几何体，培养细致的观察力和表现力。

教学建议

1. 教师活动

（1）展示和分析优秀石膏几何体素描作品，提高学生对作品的认知。

（2）对石膏几何体素描进行绘制示范，并指导学生进行课堂实训练习。

2. 学生活动

（1）在教师的指导下进行石膏几何体素描的临摹与写生练习。

（2）对课堂练习作品进行评价，总结优缺点。

一、学习问题导入

现代艺术之父塞尚曾说："世界上一切东西都是由球体、锥体、圆柱体组成的。"我们生活的世界丰富多彩，各种物体最终都可归纳为不同的几何形体。研究几何形体是认识物体结构以及造型规律的重要方法和途径。在素描初学阶段进行大量的石膏几何体素描训练是提高图稿造型表现能力的重要方法。

二、学习任务讲解

1. 正方体素描训练

正方体素描绘制要注意物体的透视关系和空间关系表现，如图2-13所示。

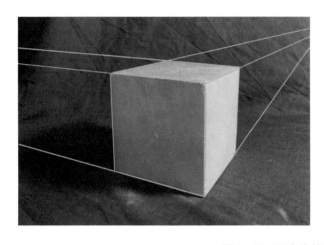
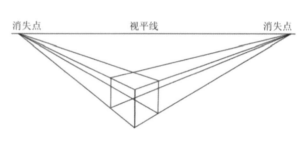

图 2-13　正方体结构分析　林卓妍　作

正方体素描绘制步骤如下。

步骤一：构图起形。首先确定正方体的大致高度和宽度，用长直线画出轮廓线。注意近大远小、近宽远窄的透视特点。

步骤二：画暗面、铺大关系。用铅笔排线画出正方体的背光面，包括暗面、明暗交界线、反光及投影。

步骤三：明确画面的黑白灰关系。用纸巾轻擦背光面，强调明暗交界线和投影，注意近实远虚的透视特点及空间关系，背景处理成灰色调。

步骤四：深入刻画并调整画面效果。用硬铅笔画出正方体的灰面和亮面，调整画面整体黑白灰关系，适当增加一些细节，例如石膏上的裂缝、小坑等，如图2-14所示。

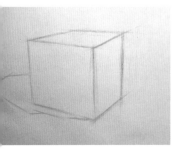

图 2-14　正方体素描步骤分解　林卓妍　作

2. 球体素描训练

球体是从平面意识过渡到三维立体意识中的典型形体，由连续曲面组成，画球体的时候注意"宁方勿圆"，用短直线切出球体的轮廓线，如图 2-15 所示。

图 2-15 球体结构分析 林卓妍 作

球体素描绘制步骤如下。

步骤一：构图起形。用短直线切出球体的轮廓线，交代明暗交界线的位置和投影的形状。

步骤二：画暗面、铺大关系。画出球体暗面、明暗交界线、反光、投影及背景的基本色调，注意明暗交界线不是一条长弧线，而是以短直线排线方式衔接，排线方向要与球体的结构相统一。

步骤三：明确画面的黑白灰关系。用纸巾揉擦暗部，统一画面色调，深入刻画球体的三大面、五大调，调整画面效果，如图 2-16 所示。

图 2-16 球体素描步骤分解 林卓妍 作

3. 圆柱体素描训练

圆柱体是平面与弧面的结合，画好圆柱体结构的关键在于画好圆柱体的两个切面。两个切面呈平行透视关系，顶面的圆形弧度小，底下的圆形弧度大，如图 2-17 所示。

图 2-17 圆柱体结构分析

圆柱体素描绘制步骤如下。

步骤一：构图起形。以长方形为辅助线确定圆柱体的基本轮廓和明暗交界线位置。

步骤二：画暗面，铺大关系。画出背光面和投影调，用长线画出背景，注意把握两者的色调，区分前后空间关系。

步骤三：深入刻画。用纸巾揉擦暗部统一画面，同时擦出圆柱体的灰面。深入刻画，围绕结构塑造形体，画出三大面之间的过渡渐变色调，顶部的亮面用硬铅笔画上淡淡的色调。最后对画面进行整体调整，进一步加强明暗对比和空间体积感，如图 2-18 所示。

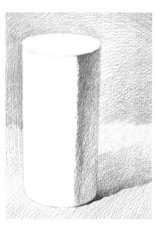

图 2-18　圆柱体素描步骤分解　蔡兼　作

4.六棱柱素描训练

六棱柱可以看作长方体与圆柱体之间的过渡形态，两个底面为正六边形，六根侧棱均与底面垂直。画好透视关系是画六棱柱的关键，如图 2-19 所示。

六棱柱素描绘制步骤如下。

步骤一：构图起形。用长直线画出六棱柱的轮廓线，注意两个底面的透视关系及三个长方形的宽度比例，确定明暗交界线和投影的位置。

步骤二：画暗面，铺大关系。整体排线铺出背光面、投影色调以及背景。

步骤三：深入刻画。用纸巾揉擦暗部及背景颜色，统一画面色调。整体塑造，深入刻画，加深灰面色调的层次变化，把握亮、灰、暗三大面，如图 2-20 所示。

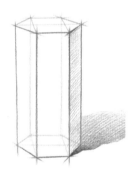
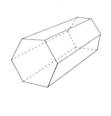

图 2-19　六棱柱结构分析

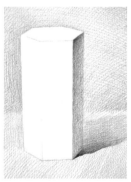

图 2-20　六棱柱素描步骤分解　蔡兼　作

5. 石膏几何体组合素描训练

石膏几何体组合在整体造型、透视关系、比例关系、构图塑造上都比单体几何体更复杂，在进行石膏几何体组合素描训练的时候一定要保持整体意识，处理好画面的明暗关系和主次关系。画面的整体塑造需要注意以下两点。

（1）树立整体意识，整体观察物体的结构、光线和比例。构图要饱满、均衡，主次分明，体现一定的节奏感和韵律感。注意画准形体间的比例、透视关系。在上色调的时候要抓住整体的黑白灰关系。

（2）通过明暗色调的强弱对比来强化物体的体积感及空间关系。对主要物体进行细致刻画，次要物体简略刻画。遵循从整体到局部的绘画顺序，整体协调统一，局部生动、细致，如图 2-21 ~图 2-23 所示。

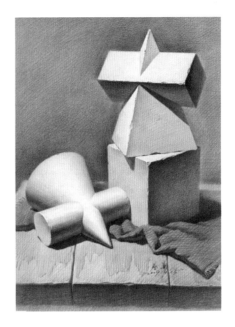

图 2-21 石膏几何体组合素描 蔡兼 作

图 2-22 石膏几何体组合素描 学生作业

图 2-23 石膏几何体组合素描 郑乃器 作

三、学习任务小结

通过本次任务的学习，同学们已经初步掌握了石膏几何体的画法，对素描也有了更深入的认识。绘画能力的提高不是一蹴而就的，需要经过反复实践和训练，希望同学们课后勤加练习，多临摹优秀的石膏几何体素描作品，学习其表现方法，逐步提高自身的绘画能力。

四、课后作业

（1）临摹石膏几何体单体 2 幅。

（2）临摹石膏几何体组合素描 1 幅。

学习任务 三 **静物素描训练**

教学目标

（1）专业能力：讲解静物素描的相关知识，让学生学会分析较复杂物体的形体特点，并能够运用结构、明暗等手段塑造形体，逐步掌握静物素描的绘画方法。

（2）社会能力：讲解形态构成美的特征，综合分析构成美的结构、造型、明暗等要素。

（3）方法能力：能临摹，会写生，有一定的艺术鉴赏能力和空间造型能力。

学习目标

（1）知识目标：掌握静物素描写生和临摹的要点。

（2）技能目标：能按照静物素描的绘制步骤绘制静物素描作品。

（3）素质目标：培养良好的空间想象力和素描绘画能力。

教学建议

1. 教师活动

（1）教师通过展示和分析优秀静物素描作品，让学生对画面空间感、明暗关系、透视等有初步认识。

（2）教师通过示范，让同学们直观了解静物素描绘制的步骤，并指导学生进行静物写生和临摹。

2. 学生活动

（1）学生临摹优秀的结构素描作品，学习其绘画步骤、方法和处理画面的经验。

（2）在教师指导下练习单个静物和组合静物素描绘制。

一、学习问题导入

　　静物素描是以培养对不同物体的形体、质感、颜色的塑造为目的素描训练。由于静物呈现出静止不动的状态，便于绘画者仔细地观察和分析静物的形态特征和光影变化规律，因此非常适合素描基础训练。

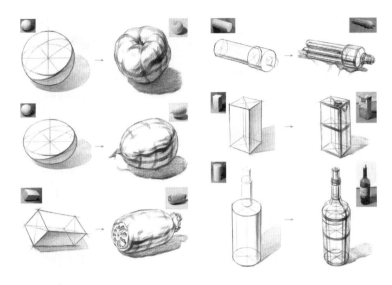

图 2-24　单个几何体静物一　　　　图 2-25　单个几何体静物二

二、学习任务讲解

　　学习静物素描先从单个静物开始练习，从结构素描逐渐过渡到明暗素描。画单个静物，可以选取水果、花瓶、罐子等各种各样的静物作为练习对象，并遵循由易到难的规律，先从单个几何形静物进行练习，再进行几个或多个几何形组合静物练习，如图 2-24 和图 2-25 所示。

1. 苹果素描写生步骤

　　步骤一：绘画前分析静物的光照情况，明确苹果的受光面、高光、明暗交界线、反光、投影的位置和形状。

　　步骤二：用长直线概括出苹果外形特征，画出明暗交界线。

　　步骤三：用均匀的线条绘制苹果的背光面，将明暗交界线和投影加重。

　　步骤四：深入刻画苹果的灰面和亮面。注意亮、灰、暗之间的色差对比，用橡皮擦出一小块高光，增强立体感，如图 2-26 所示。

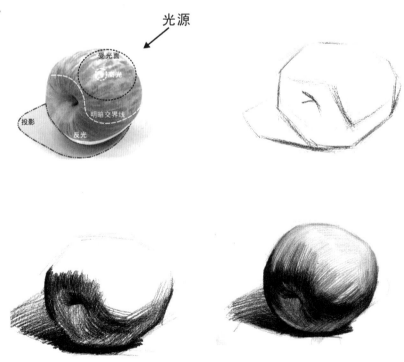

图 2-26　苹果素描写生步骤

2. 单个静物素描练习

（1）用结构素描技法绘制单个静物结构。仔细观察每个静物的轮廓，画出结构和透视关系，通过明暗交界线丰富静物结构关系，如图2-27～图2-30所示。

图2-27 静物结构素描一

图2-28 静物结构素描二

图2-29 静物结构素描三

图2-30 静物结构素描四

（2）用明暗素描技法进行单个静物绘画，要注意排线应按照物体的朝向和物体的结构来画。排线要整齐有序，不能乱，过渡要自然，明暗交界线在大体色调上进行覆盖与加深，不能将物体的轮廓刻画得太死板，如图2-31～图2-34所示。

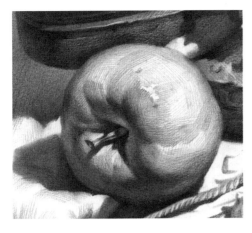

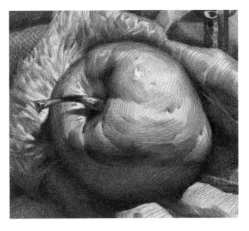

图2-31 静物明暗素描一　　　　　　　图2-32 静物明暗素描二

图2-33 静物明暗素描三

3. 组合静物素描写生步骤

步骤一：观察分析。动笔前首先仔细观察画面，分析画面的构图、静物的结构和明暗关系。

步骤二：构图起形。在画面上合理安排静物的位置，定出最高点、最低点，先用长直线轻轻勾勒出画面中静物的外轮廓，注意静物的比例关系。

图2-34 静物明暗素描四

步骤三：深入刻画静物外形，描绘单个静物的基本形体结构。

步骤四：画出静物的明暗交界线，逐步画出静物的明暗色调。表现画面形体、结构、空间和光影的效果。将画面暗面、灰面和亮面的关系明确，充分地表现画面黑白灰关系和静物的体积感。

步骤五：进行静物的深入刻画。深入刻画静物的细节，将静物的细节（如图案、材质、光影效果）仔细描绘出来，如图2-35所示。

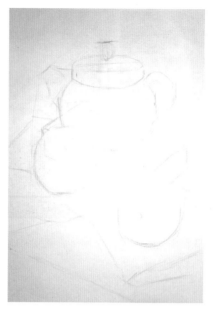

图 2-35 组合静物素描写生步骤

三、学习任务小结

通过本次任务的学习，同学们已经初步掌握了静物素描的基本画法和步骤，对静物的结构也有了更深入的认识。课后，同学们可以选取优秀的静物素描作品进行临摹练习，通过反复训练，提高绘画技巧。

四、课后作业

（1）临摹单个物体和组合物体素描各一幅，4 开素描纸。

（2）写生组合静物素描 1 幅，4 开素描纸。

项目三
人物速写训练

学习任务 一

速写的基础知识与工具材料

教学目标

（1）专业能力：讲解速写的基础知识与工具材料。

（2）社会能力：让学生具备一定的语言表达能力和沟通交流能力。

（3）方法能力：培养学生实践动手能力和艺术审美能力。

学习目标

（1）知识目标：了解和掌握速写的基础知识与工具材料。

（2）技能目标：能选择适合自己的速写工具材料进行速写练习。

（3）素质目标：具备一定的自学能力、概括与归纳能力和沟通表达能力。

教学建议

1. 教师活动

（1）教师通过展示速写工具材料，提升学生对工具材料的认知。

（2）挑选代表性速写工具材料，讲解其使用方法与产生的视觉效果。

2. 学生活动

（1）学生练习使用速写工具材料。

（2）在教师的指导下运用速写工具进行速写练习。

一、学习问题导入

　　各位同学，大家好！今天我们一起来学习人物速写的相关知识。速写是一种快速描画的方式，其最大的特点是快捷、生动、灵活、概括地表现物象，在较短的时间内描绘出物象的典型特征。在服装设计中，速写可以用于造型分析和构思草图表现等。大家先欣赏图3-1～图3-5的服装速写作品，谈一谈自己的看法。

图 3-1 服装设计师
设计草图一

图 3-2 服装设计师
设计草图二

图 3-3 法国自由插画家 Damien
Florebert Cuypers 街头速写作品

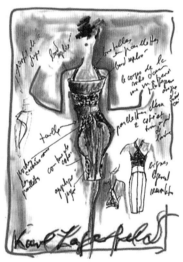

图 3-4 速写插画作品

图 3-5 服装设计大师卡尔·拉格菲尔德的
概念速写笔记

二、学习任务讲解

1. 速写的基础知识

速写，顾名思义，是一种快速的写生方法。速写属于素描的一种，不但是造型艺术的基础，也是一种独立的艺术形式。

服装设计领域的速写更偏向于表现服饰概念设计，更多的是用于记录服装设计灵感和构思。同时速写也是一种自由的表达方式，可以随时进行增减或者夸张处理。服装速写既具有创造力，又能有效提高服装手绘表现力，是从事服装设计必备的基础技能。

2. 速写工具材料

绘制速写作品离不开工具材料。在进行服装速写训练时，正确使用工具材料能使作品产生不同的视觉效果。不同的工具有不同的特性，也可以相互配合使用。

（1）复印纸。

速写常用复印纸，复印纸普通尺寸为 210mm × 297mm，即 A4 纸大小（图 3-6）。复印纸有白色的，也有彩色的，纸面光滑。复印纸的重量常用的有 70g、80g、100g。80g 的 A4 纸可满足绝大多数速写要求，适合搭配自动铅笔、针管笔、钢笔等较硬的笔尖。

（2）速写本。

速写本携带方便，可以随时随地记录设计灵感，适合搭配铅笔、钢笔和炭笔使用，如图 3-7 所示。

图 3-6 复印纸

图 3-7 速写本

（3）橡皮。

常见的橡皮有绘图橡皮，用于涂改绘制错误部分。此外，细节橡皮也称高光橡皮，可用于擦拭细节部分，如图 3-8 所示。

图 3-8 橡皮

（4）铅笔。

自动铅笔常用于服装速写手稿的线稿绘制，携带方便，一般选用0.3mm 或 0.5mm 的铅芯，也可选用 0.7mm 或 0.9mm 的铅芯，数字越大，笔芯越粗，如图 3-9 所示。

软硬铅笔是最常用的速写工具，其表现出的层次感丰富，如图3-10 和图 3-11 所示。层次感既可以用轻柔的块面进行表现，又可以用明确的线条表现。

彩色铅笔颜色丰富，手感与铅笔相似，既能表现出铅笔的效果，又能增加颜色的多样性，使得画面生动有趣，如图 3-12 所示。

图 3-9 自动铅笔

图 3-10 铅笔

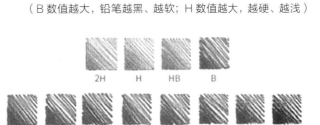

B=BLACK黑度　H=HARD硬度

（B 数值越大，铅笔越黑、越软；H 数值越大，越硬、越浅）

2H　H　HB　B

2B　3B　4B　5B　6B　8B　10B　12B

图 3-11 铅笔的黑度和硬度

（5）钢笔。

钢笔笔触清晰、肯定，线条刚劲有力。服装速写中常用弯头钢笔，可以绘制出不同粗细的线条，丰富速写层次，如图 3-13 所示。

图 3-12 彩色铅笔

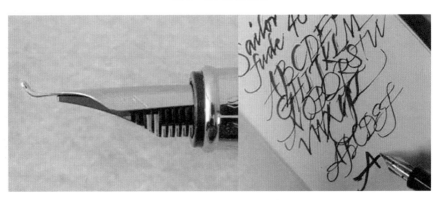

图 3-13 钢笔

（6）勾线笔。

勾线笔具有不同的型号，可以绘制出不同粗细的线条。其绘制的线条比较有弹性，显得生动、活泼，如图3-14所示。

（7）马克笔。

马克笔用于服装速写快速上色表现，一般选用双头油性马克笔。其优点是易于控制出水，笔触感和色彩叠加效果较好，如图3-15所示。

（8）蜡笔、油画棒。

蜡笔（3-16）和油画棒绘制的线条较粗，色彩呈现大色块效果，对比强烈，色调鲜明。

（9）高光笔。

高光笔用于提亮服装高光部分，高光笔通常选用0.6mm或0.7mm的金色、银色、白色笔芯。高光墨水覆盖力强、亮度高，如图3-17所示。

图 3-14 勾线笔

图 3-15 马克笔

三、学习任务小结

通过本次课的学习，同学们对速写的基础知识与工具材料有了一个初步的认识，同时赏析了部分优秀的服装速写作品，提高了自身的艺术修养和审美情趣。课后，同学们要多欣赏服装速写作品，分析其使用的工具材料，深入挖掘不同工具材料产生的视觉效果，全面提高鉴赏能力，并加深对速写工具材料的理解。

图 3-16 蜡笔

四、课后作业

（1）收集20幅优秀设计师速写作品，分析其使用的工具材料，并制作成PPT进行展示。

（2）以小组形式每人尝试使用已有的速写工具材料探索它们的绘画手感与特性，汇总速写工具材料的特点并分享。

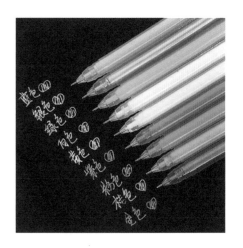

图 3-17 高光笔

学习任务 二 人物头部的速写训练

教学目标

（1）专业能力：掌握人物头部速写的绘制方法。

（2）社会能力：培养学生认真、细致、严谨的精神品质，提升学生的专注力。

（3）方法能力：培养和提高学生自我学习的能力、独立思考的能力、沟通与表达能力。

学习目标

（1）知识目标：了解五官的结构特征，掌握人物头部的绘制方法。

（2）技能目标：能绘制出符合五官造型特征的人物头部速写。

（3）素质目标：培养学生细心观察的能力，提高个人审美能力和速写表达能力。

教学建议

1. 教师活动

（1）教师通过展示优秀人物头部速写作品并对画面进行分析，讲授人物头部速写绘制的要点。

（2）教师现场示范人物头部速写的画法，并指导学生进行练习。

2. 学生活动

（1）在教师的指导下，进行人物头部速写的绘制练习。

（2）自主收集大师作品，完成人物头部速写临摹训练。

一、学习问题导入

同学们，大家好！今天我们一起来学习人物头部速写。画人物头部速写，必须了解人物五官的比例、结构和造型特征，运用流畅的速写线条快速描绘头部的不同姿态和表情，如图 3-18 和 3-19 所示。

图 3-18 人物头部速写一　Borie　作　　　图 3-19 人物头部速写二　Borie　作

二、学习任务讲解

1. 头发的画法

画头发并不需要将一根根发丝都表现出来，而是需要将头发理解为一个整体的几何造型。头发是覆盖在头骨上的，我们只需要根据每个人的发型特征去进行概括和提炼即可，如图 3-20 所示。

2. 脸形的画法

从正面观察，人的脸形可以分为以下几种类型：瓜子脸、圆脸、国字脸、水壶脸。画时需要仔细观察，将脸形加以归纳，并可适当夸张其特征，如图 3-21 所示。

从侧面观察，人的脸型大致分为凸面形、凹面形、直面形、额凸下巴缩形、额缩下巴凸形，如图 3-22 所示。

图 3-20 头发的几何造型　陈杰明　作

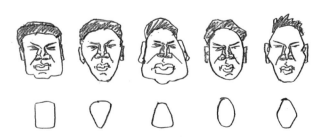

图 3-21 正面脸形的归纳　陈杰明　作

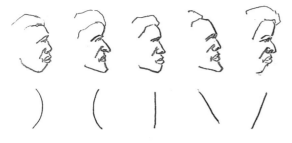

图 3-22　侧面脸形的归纳　陈杰明　作

3. 眼睛的画法

眼睛有几个地方需要特别注意观察，比如眉毛的形状是粗还是细；眉毛的方向和走势内高外低，还是内低外高；眼睛的形状是细长还是短圆，是大还是小；眼睛的方向和内外眼角的高低，以及眼袋的大小、两眼的距离等。只要注意观察和把握好以上几点并进行概括和提炼，就能准确表现出人物的眼部特征，如图 3-23 所示。

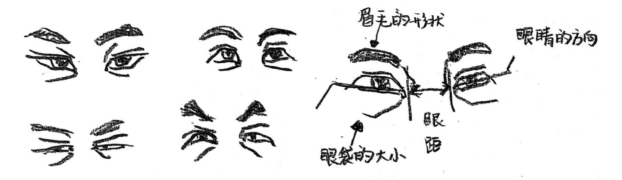

图 3-23　眼部特征　陈杰明　作

4. 耳朵的画法

耳朵的结构包括耳轮、耳屏、三角窝、耳舟等。它的主要特征在于形状与方向上的变化。形状上主要观察耳的外形，耳垂是否尖以及耳垂大小。方向上还需观察耳朵的角度是紧贴头骨还是向前突出，如图 3-24 所示。

图 3-24　耳形　陈杰明　作

5. 嘴巴的画法

嘴巴的结构分为上唇、下唇、口裂、唇结节和人中等部分。形状上有唇厚、唇薄的变化。一般有上唇厚、下唇薄和上唇薄、下唇厚的不同。另外，还要关注嘴巴的整体大小、方向、嘴角的高低、是否向前突出、人中的长短等，如图 3-25 所示。

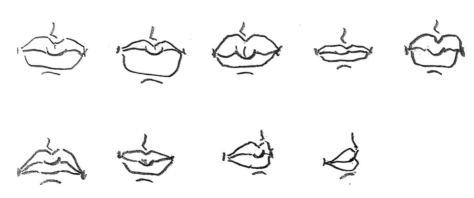

图 3-25　嘴形　陈杰明　作

6. 鼻子的画法

鼻子的结构有鼻根、鼻梁、鼻尖、鼻底、鼻翼等。从正面可以观察出鼻的长短、宽窄以及鼻孔是否向前外翻。从侧面可以观察鼻头的大小、鼻梁的高低、鼻头的形状等。一些特征可以强化，例如鹰钩鼻、拱鼻等，如图3-26和图3-27所示。

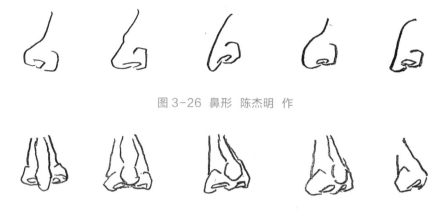

图 3-26 鼻形 陈杰明 作

图 3-27 鼻的转面 陈杰明 作

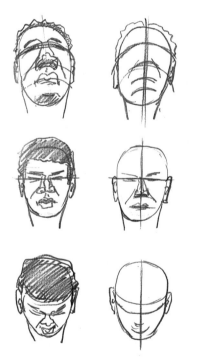

图 3-28 头像的上下转面 陈杰明 作

7. 不同视角头部的透视关系

人的头部概括起来是一个立体的球形，从不同的视角去观察，表现在纸面上会呈现出不同的透视状态。对于左右透视角度，可以先画出中线，然后根据角度调整五官的位置。上下透视角度取决于两个因素：一是对象的动作；二是观察的角度。仰视与抬头可以理解为一样的角度，俯视与低头也可以理解为一样的角度，如图3-28 ~图3-31所示。

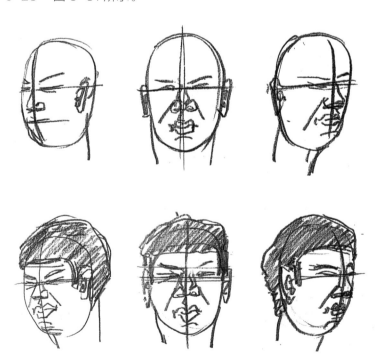

图 3-29 头像的左右转面 陈杰明 作

图 3-30 人物的头像一 陈杰明 作

图 3-31 人物的头像二 陈杰明 作

8. 人物头部五官比例

人物头部五官比例有一个口诀，即"三庭五眼"。"三庭"是指人脸的长度可以均分为三部分，发际线至眉心为一部分，眉心至鼻翼下缘为一部分，鼻翼下缘至下巴为一部分。"五眼"是指人脸的宽度约为五个眼睛的宽度，如图 3-32 所示。

9. 人物头部速写优秀作品

人物头部速写优秀作品如图 3-33 ~ 图 3-36 所示。

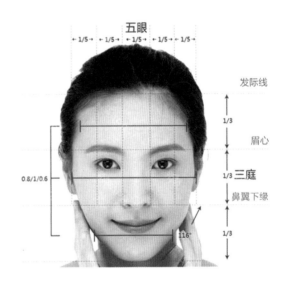

图 3-32 三庭五眼

图 3-33 人物速写 Wise 作

图 3-34 人物速写 庞茂琨 作

三、学习任务小结

通过本次课的学习，同学们对人物头部速写的画法有了一个初步的认识。同时，理解了人物五官的造型特征和表现方法。课后，同学们要多欣赏人物头部速写作品，分析表现技巧，并通过大量的写生和临摹提高人物速写能力。

四、课后作业

（1）收集20幅优秀人物速写作品，并临摹其中3幅。

（2）完成3幅人物速写。

图 3-35　人物速写一　于小冬　作

图 3-36　人物速写二　于小冬　作

学习任务 三 人物手和脚的速写训练

教学目标

（1）专业能力：能运用速写技法绘制人物的手和脚；能表现男性、女性手与脚的不同特征。

（2）社会能力：能通过课堂师生问答、小组讨论，提升学生的表达与交流能力。

（3）方法能力：培养学生速写创作能力和速写表现能力。

学习目标

（1）知识目标：了解人物手和脚的结构关系。

（2）技能目标：能运用速写技法绘制人物的手和脚。

（3）素质目标：具备一定的自学能力、概括与归纳能力和沟通表达能力。

教学建议

1. 教师活动

（1）讲述人物手、脚的结构关系，分析手、脚的动态关系，提升学生对手、脚的结构与动态认知。

（2）示范人物手和脚的绘制方法，并指导学生进行练习。

2. 学生活动

（1）学生仔细观察和理解人物手、脚的结构关系。

（2）学生在教师的指导下练习人物的手、脚速写。

一、学习问题导入

在服装人物速写中手和脚虽然起着陪衬和协调作用，但处理不好，会影响服装人物表现的整体效果。服装速写中手、脚常常采用简练而概括的表现方式，在保证基本结构准确的前提下，着重表现手和脚的动态。

二、学习任务讲解

1. 手的结构及表现

在服装速写中需要表现出手的结构、比例和姿态，既要简洁概括，也要突出手的美感。

（1）手的结构。

手由手腕、手掌、手指三个部分组成。手的骨骼由腕骨、掌骨和指骨组成。指骨由基节、中节和末节组成，如图 3-37 所示。

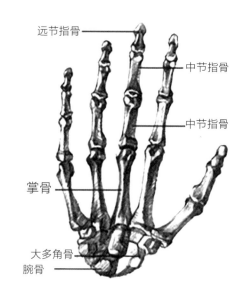

图 3-37 手的结构

（2）手的比例。

手的长度略小于 1 个头长，手掌与手指各占一半。其中中指最长，与手掌一样长。在服装速写中会将女性的手指长度表现得夸张，这样会显得手指纤细、优雅。

（3）手的画法。

手的绘制首先要分析手的动态，用较轻的线条概括出手掌与手的基本廓形与结构线。然后根据手的基本廓形刻画出腕部和手指，可适当刻画拇指、食指的细节，如图 3-38 所示。

（4）常见手型。

在服装速写中手的变化非常丰富，可以练习动态的手的速写，如图 3-39 和图 3-40 所示。

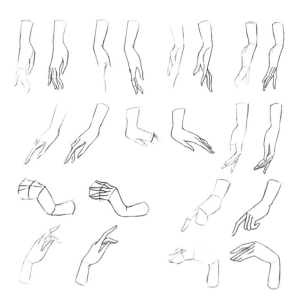

图 3-38 女性手速写 唐伟 作

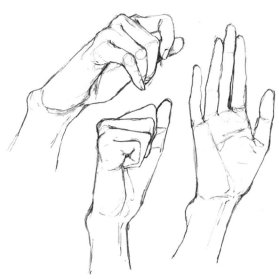

图 3-39 手速写

图 3-40 手速写 谢泽宇 作

2. 脚的结构与表现

脚是人体站立和做各种动作的支撑点，正确的脚的结构与透视有助于加强人体站姿的稳定性。脚的动态也影响人体站姿的趣味性和生动性，因此一定要注意脚、脚踝与小腿的结构与连接关系。在服装速写中绝大多数时候脚都穿着鞋子，需要注意脚和鞋子的内在关系。

（1）脚的结构。

脚由脚踝、脚跟、脚背和脚趾组成，外形呈前低后高、前宽后窄，脚背呈拱形，如图 3-41 所示。

（2）脚的比例。

脚的长度为 1 个头长。从正面看脚因为透视的关系会显得稍微短一点，为 2/3 个头长。

图 3-41 脚的结构

（3）脚的速写。

首先可以用几何图形确定脚的基本外形和动态，然后刻画出脚踝、脚跟、脚背和脚趾等部位的细节，并完善脚部的绘制，如图 3-42 ～图 3-45 所示。

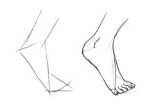

图 3-42 脚的速写一 唐伟 作

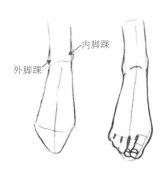

图 3-43 脚的速写二 唐伟 作

图 3-44 女性脚的速写 唐伟 作

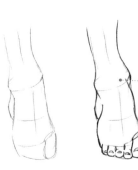

图 3-45 男性脚的速写 唐伟 作

（4）常见脚型。

　　服装速写中常见的脚型一般为穿鞋的脚，可多观察不同方位的脚部动态结构，熟记常见脚型，并仔细描绘，如图3-46所示。

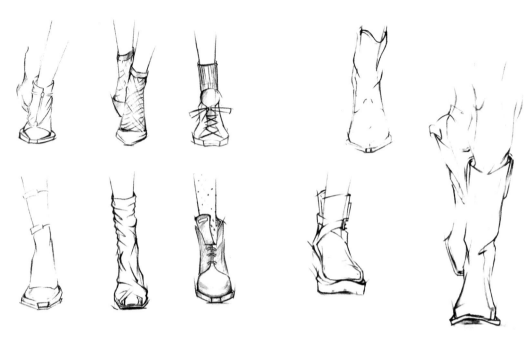

图3-46 常见脚型 谢泽宇 作

三、学习任务小结

　　通过本次课的学习，同学们对人物手、脚的结构关系有了一定的认识，同时，也能够独立绘制出符合人体结构关系的手和脚的速写，提高了人物速写的表现能力。课后，同学们要多临摹手和脚的速写作品，提高速写表现能力。

四、课后作业

（1）绘制5个不同动态的手的速写训练。

（2）绘制5个不同动态的脚的速写训练。

学习任务 四

人物着装速写训练

教学目标

（1）专业能力：了解人体形态和着装动态，以及人体比例；掌握人物动态和人物着装速写技巧。

（2）社会能力：能通过课堂师生问答、小组讨论，提升学生的表达与交流能力。

（3）方法能力：培养学生速写表现能力和速写创作能力。

学习目标

（1）知识目标：了解人体形态和着装动态，掌握人物着装速写画法。

（2）技能目标：能熟练进行人物着装速写绘制。

（3）素质目标：具备一定的自学能力、概括与归纳能力和沟通表达能力。

教学建议

1. 教师活动

（1）教师通过讲述人体形态和着装动态，分析人体比例，提升学生对人体结构和动态的认知。

（2）教师示范人物着装速写画法，并指导学生进行课堂实训。

2. 学生活动

（1）学生分析人体形态和着装动态，分析人体比例，训练独立思考的能力。

（2）学生临摹常见人体动态，分析动态规律。

（3）学生临摹人物着装速写，并在杂志、网络上寻找取素材进行服装着装速写训练。

一、学习问题导入

服装人物速写最重要的是准确表达出人体的形态和着装动态，理解人体结构，掌握人体比例。同学们先看图 3-47 和图 3-48 所示的两幅作品，谈谈一下对人体结构和动态的理解。

图 3-47 人体结构和动态一

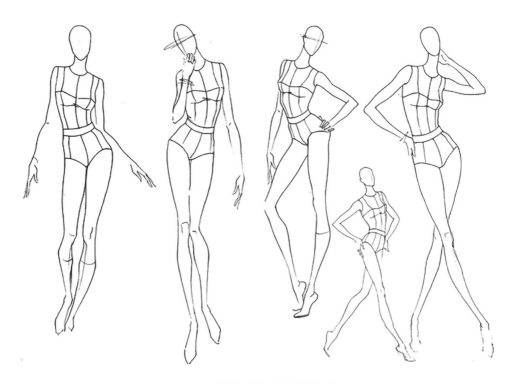

图 3-48 人体结构和动态二

二、学习任务讲解

1. 服装速写人体比例

一般人体比例的美感要求是七个头长。然而，在服装效果图中理想的人体比例为八个或九个头长。在时装画中甚至可以出现十个或十个以上头长的比例关系。实际上增加人体长度的目的就是加长腿部，使人物显得修长，增强画面的美感。因此在服装速写中我们可以适当增加人体长度，修饰人体比例。

男性人体的肩宽略大于 2 个头宽，腰宽略大于 1 个头长，臀宽约等于 2 个头宽，正侧面脚长为 1 个头长。当男性的手臂自然下垂时，肘关节位与腰部平齐，腕关节位与胯部平齐，手中指指尖与大腿中部齐平，如图 3-49 所示。

女性人体的肩宽为 2 个头宽，腰宽略小于 1 个头长，臀宽略大于 2 个头宽，正侧面脚长为 1 个头长。当女性的手臂自然下垂时，肘关节位与腰部平齐，腕关节位与胯部平齐，手中指指尖与大腿中部齐平，如图 3-50 所示。

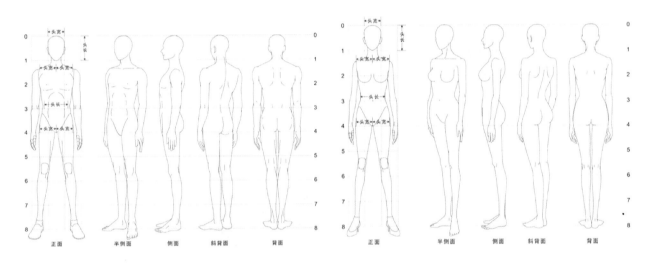

图 3-49 男性人体结构比例 唐伟 作　　　　图 3-50 女性人体结构比例 唐伟 作

2. 服装速写人体动态

在进行人体着装动态的速写训练时，应该掌握人体基本的造型及规律。人体动态绘制重点要把握三条线，即中心线、重心线和动态线。人体的中心线和重心线是客观存在的，需要理性分析才能判断出来。如图 3-51 所示，红色线表示中心线，从颈窝点到肚脐再到尾椎的连线就是躯干的动态线。从髂骨直落到大腿转骨线的连接点开始，往下到膝盖、脚踝的连线即为腿部的中心线，同样也是腿部的动态线。垂直的蓝色线为人体的重心线，从颈窝点开始往下垂直于地面。这三条线是抓住人体动态的关键。

图 3-51 人体动态绘制

中心线和动态线是重合的，但两者的意义不同。中心线有助于准确判断人体的动态变化，特别是在人体侧转时产生的透视现象，可以通过中心线来比较身体两边的变化，从而比较准确地判断出透视后的变化量。而作为动态线来理解的时候，就更加容易判断出人体的动态趋势，如图3-52所示。

常见的人体动态图如图3-53～图3-56所示。

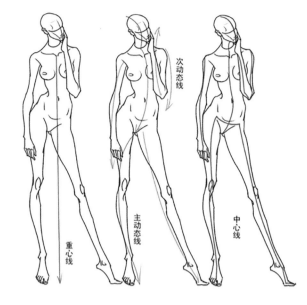

图 3-52 中心线与动态线

图 3-53 常见人体
动态图一

图 3-54 常见人体
动态图二

3. 常见的衣褶表现形式

人体在着装状态下服装面料会产生衣褶。其变化有一定的规律，常见的衣褶效果如图3-57～图3-59所示。

图 3-55 常见人体
动态图三

图 3-56 常见人体
动态图四

图 3-57 常见的衣褶表现形式一

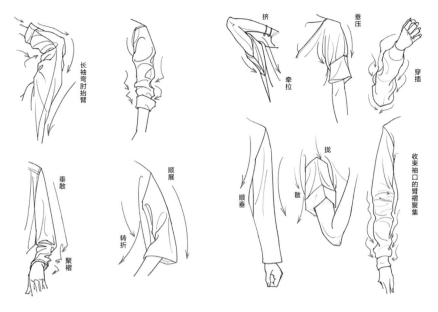

图 3-58 常见的衣褶表现形式二

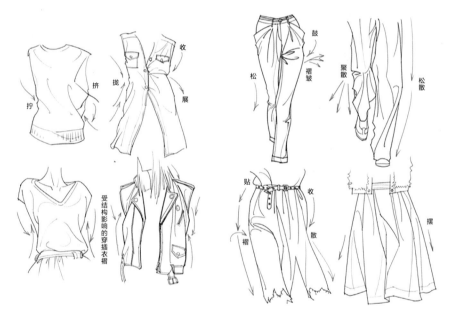

图 3-59 常见的衣褶表现形式三

4. 人物着装速写训练

掌握人体结构、动态和形态是画好人物着装速写的关键。人物着装速写训练要注意以下几点。

（1）整体作画：抓住人物的整体动态，表现人物外形轮廓的典型特征。

（2）快速描绘：依托人物的动态和典型特征快速描绘，线条流畅，一气呵成。

（3）概括表达：不要求绝对准确和精细，省略细节，抓住人物的外形和动态的主要特征即可。

（4）适当夸张：让人物形象更加美观，视觉效果更加突出。

人物着装速写示范如图 3-60 ~图 3-63 所示。

图 3-60 人物着装速写 谢宇权 作　　　　　　　图 3-61 人物着装速写 迪奥 作

图 3-62 人物着装速写 吕芳 作

三、学习任务小结

　　通过本次课的学习，同学们对人体的结构、比例、动态、衣褶的变化形式有了全面的认识，也了解了人物着装速写的绘制方法和步骤。课后，同学们要多进行人物着装速写的临摹和写生，提高自己的服装速写表现能力。

四、课后作业

　　绘制 3 张不同动态的服装着装速写。

图 3-63 人物着装速写 服装设计师手稿

项目四
色彩训练

学习任务 一　色彩基础知识

教学目标

（1）专业能力：让学生认识色彩基本原理，让学生掌握色彩属性特征。

（2）社会能力：让学生以审美的眼光发现身边的色彩美。

（3）方法能力：培养学生色彩搭配能力和色彩表现能力。

学习目标

（1）知识目标：了解色彩的基本原理，掌握色彩的属性。

（2）技能目标：能进行合理的色彩搭配与设计。

（3）素质目标：培养良好的色彩感知能力和色彩表现能力。

教学建议

1. 教师活动

（1）教师讲解色彩基础理论，并通过色彩作品的展示与讲解提高学生对色彩的认识。

（2）教师示范色彩的表现方法，并指导学生练习。

2. 学生活动

（1）聆听教师讲解色彩基础理论，并思考色彩搭配方法和技巧。

（2）观看教师示范色彩的表现方法，并进行色彩表现练习。

一、学习问题导入

大家好！今天我们来学习色彩的基础知识。我们生活的世界是一个色彩斑斓的世界，自然界处处都有绚丽的色彩，同学们先看图4-1，感受一下自然界的色彩。

图 4-1 自然界的色彩

二、学习任务讲解

1. 光与色

世界因为有了光，所以充满了变幻的色彩。17世纪，英国物理学家牛顿利用三棱镜观察到光的色散，即由复色光（白光）分解成单色光形成光谱的现象。实验中发现光的颜色由光波的频率决定，对于同一种介质，光的频率越高，光的折射率就越大，紫光折射程度最大，红光最小，因而把复色光分解成了七种单色光，依次排列为红、橙、黄、绿、青、蓝、紫，如图4-2所示。

2. 三原色

三原色指色彩中不能再分解的三种基本颜色，也称基础色。三原色的纯度、鲜艳度最高。

（1）色光三原色。

色光三原色是红、绿、青。等量的三原色光相加为白光，即当其中两种色光相加后，光度高于两种色原来的光度，色光相加次数越多，被增强的光线就越多，就越接近白光，属于加色原理。等量的红光和绿光相加等于黄光；等量的绿光和蓝光相加等于青光；等量的红光和蓝光相加紫光。原色光相加后的色光与相对的原色光成互补色关系，组成了青光对红光、黄光对蓝光、紫光对绿光的互补关系，如图4-3所示。

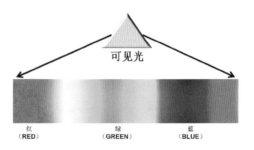

图 4-2 色谱图

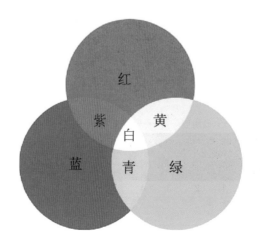

图 4-3 色光三原色

（2）颜料三原色。

颜料三原色是红、黄、蓝。等量的颜料三原色相加为黑色，即其中两种颜色相互混合后的色相的纯度比原色低，混合次数越多，纯度就越低，越接近黑色，属于减色原理。等量的红色和黄色相加等于橙色；等量的黄色和蓝色相加等于绿色；等量的蓝色和红色相加等于紫色。原色相加的间色与相对的原色成互补关系，组成了红色对绿色、黄色对紫色、蓝色对橙色的互补关系，如图4-4所示。

3. 色彩基本属性

色彩的属性是指色相、明度和纯度，又称色彩三属性。

（1）色相。

色相是色彩的相貌，作为区分颜色的依据，也是色彩特征的主体因素。色相分为原色、间色和复色。三原色两两相互混合得出间色，间色再与另一个原色混合得出复色，依次排列出以下12种色相秩序图。不同的色相给人不同的感觉，相近的颜色给人协调、统一的视觉感受，对比色彩给人活泼、鲜明的感觉；互补色给人强烈的刺激感。红色、橙色、黄色通常被定为暖调色，蓝色、绿色、紫色通常被定为冷调色，如图4-5所示。

（2）明度。

明度指色彩的明暗程度，是表现色彩层次感的基础，如黄色明度相对最高，蓝色明度相对最低。明度分为三个基本度，即高明度、中明度和低明度。明度可以用数字进行归类，最深的黑色为0，白色为10，0~9有10个色阶。0~3为低明度，4~7为中明度，8~10为高明度。色彩的明度变化可以通过有彩色与无彩色黑和白进行混合实现，如图4-6所示。

（3）纯度。

纯度指色彩的饱和程度，即彩度。色彩越单一，纯度越高；色彩越复杂，纯度越低。纯度分为高纯度、中纯度和低纯度。有彩色的纯度根据加入灰色的量来决定。有彩色的比例越高，纯度就越高；有彩色的比例越低，色彩纯度就越低，如图4-7所示。

服装美术基础

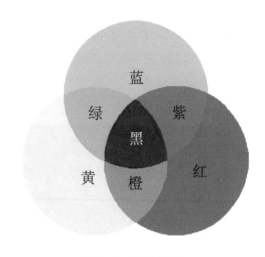

图4-4 颜料三原色

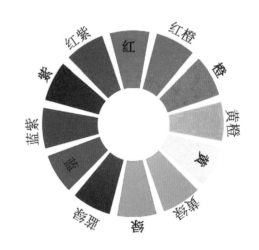

图4-5 12种色相秩序图

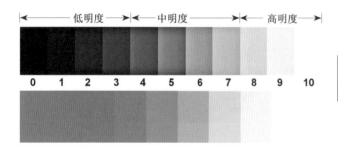

图4-6 明度变化

图4-7 纯度变化

4.光对物像产生的三种关系

人眼对光线的感受是直接的，物体则受不同色光的影响呈现视觉上的差异，从而让人分辨出不同的事物及其形态样貌。

（1）光源色。

光源色指光照射物体外表产生的光色。光源色会根据不同的时间、天气、照射的光源呈现不一样的颜色，如日光、火光、灯光会呈现不同的颜色。物体因受到光照产生色彩变化。物体的受光面受光源色影响最大，色彩比较明亮。背光面则会出现补色现象，如受光面是黄光，背光面呈现紫色。印象派画家莫奈的画作《议会大厦》中反映了议会大厦随着光线和时间的推移呈现出不一样的色彩现象，如图 4-8 所示。

图 4-8 《议会大厦》 莫奈 作

（2）固有色。

固有色指物体在白色光源下呈现的色彩。固有色是物体本身的颜色，如颜料的颜色——红、橙、黄、绿、青、蓝、紫，生活中常见的蓝天、白云、绿树、红花的颜色。一切物体的颜色都是在光的作用下给人的视觉感受，也是不同质感对光的吸收与反射现象。绘画中，物体呈现固有色的地方是受光面和背光面之间的部分，也就是素描调中的灰部，我们可以将其理解成中间色彩区。因为在这个范围内，物体受外部色彩的影响较少，因而主要是明度和色相的变化，饱和度相对比较高。光线越弱，物体呈现的固有色就越明显。写实派的绘画风格追求物象的真实感，如画家薛广陈的作品《柿子》表现出新鲜柿子真实的色彩，如图 4-9 所示。

图 4-9 《柿子》 薛广陈 作

（3）环境色。

环境色指物体在周围环境的影响下所产生的颜色。环境色是反射的颜色，强光下通常背光面受较强的环境色影响。处理好画面的环境色，能让画面效果更加真实、丰富。在图4-10中，在同样的白光下，改变桌面色彩，鸡蛋就会呈现出不同的环境色。在蓝色的桌面上，背光面右下方的反射光为蓝色；放在绿色桌面上，右下方的反射光为绿色；放在红色桌面上，右下方的反射光为红色。

图 4-10 环境色的表现

在图 4-11 和图 4-12 中，可以清晰看到两张水彩静物写生不同的色调。在图 4-11 中，冷色调的背景衬布和暖色调的水果形成冷暖对比效果，画面看上去非常明快。在图 4-12 中，画面以暖色调为主，物体受到黄色和红色衬布影响较大，所有物体都沉浸在黄色和红色的环境里，形成协调、统一的画面效果。

图 4-11 色彩静物一

图 4-12 色彩静物二

三、学习任务总结

通过本次课的学习，同学们已经初步对色彩基本理论有了一定了解，同时通过对色彩图片的分析与比对，对色彩表达的模式有了一定的认识。色彩既有科学的本质属性和变化规律，又能表现出绚丽多姿的视觉感受和内涵丰富的寓意。同学们平时可以多欣赏一些优秀的色彩艺术作品，提高对不同领域色彩运用的认识。

四、课后作业

收集 10 张生活中的色彩图，制作成 PPT 进行展示和讲解。

学习任务

二

水粉绘画训练

教学目标

（1）专业能力：讲解水粉绘画的特点和表现方法，训练学生进行水粉静物写生。

（2）社会能力：培养学生色彩审美能力和沟通表达能力。

（3）方法能力：培养学生素材收集能力、观察与归纳能力、色彩表现能力。

学习目标

（1）知识目标：掌握水粉静物写生的基本方法。

（2）技能目标：能够合理地布置静物，并进行水粉静物写生。

（3）素质目标：具备观察、思考能力和发现美、表现美的能力以及一定的沟通表达能力。

教学建议

1. 教师活动

（1）教师通过展示优秀水粉静物绘画作品，提高学生对水粉画的直观认识。

（2）教师进行水粉静物示范，并指导学生进行水粉静物练习。

2. 学生活动

（1）学生观看教师示范绘制水粉静物作品，并进行水粉静物写生练习。

（2）学生分组现场展示作品并分析。

一、学习问题导入

各位同学，大家好！本次课我们一起来学习水粉画的知识。水粉颜料性能介于水彩和油画之间，作画时可以进行覆盖修改，比较适合初学者练习，所以初学者常用水粉颜料来进行色彩静物的训练。

二、学习任务讲解

1. 水粉画的基本技法

水粉画是用水粉颜料作为色彩表现媒介，调色时加入水，通过色彩的混合和叠加表现色彩效果的绘画表现形式。水粉画的基本技法分为厚画法和薄画法。

（1）厚画法。

厚画法用色较多，水分较少，利用水粉颜料的可覆盖性，反复叠加色彩并塑造形体，如图4-13所示。

（2）薄画法。

薄画法是一种接近水彩的画法，使用颜料较少，水分较多。一般水粉画铺大体色大多采用含水较多的薄画法，如图4-14所示。

图4-13 厚画法

图4-14 薄画法 朱涛 作

通常都是将厚画法和薄画法结合起来进行水粉画创作。为表现物体的前后空间，后面物体画的遍数要少，颜料加入的水分较多，颜料较薄。前面的物体可反复叠加色彩，颜料较厚。另外，物体暗面颜料要薄，亮面颜料可适当厚一些。在作画时要注意，水粉是粉质原料，颜料太厚，修改遍数太多，底色就容易泛上来，会出现"脏"和"腻"的问题。所以，水粉画不可以反复擦、蹭。

2. 水果的绘制训练

色彩静物绘制训练可以从造型和色彩关系相对简单的单个水果（图4-15～图4-17）开始练习，为后期画复杂的静物组合积累调色和绘制经验。

图4-15 单个静物参考范例一

图 4-16 单个静物参考范例二　　　　　　图 4-17 单个静物参考范例三

4. 色彩组合静物绘制训练

（1）布置静物。

布置一组理想的静物是进行色彩静物写生的前提，需要从画面的整体比例、布局规划、色彩对比效果、质感变化等方面进行比较、分析与思考。一组理想的静物组合要有生活气息，物体与物体之间要有一定联系，要给人以美的感受。静物的布置也需要同学们不断实践才能掌握。

（2）起稿构图。

用赭石色勾画静物组合场景的轮廓、空间关系和素描关系。注意构图要饱满，画面中物体的比例要适中，静物之间的前后穿插关系及画面的均衡感都要考虑清楚，如图 4-18 所示。

图 4-18 组合静物绘制步骤一　马华军　作

（3）铺大体色。

一定要注意整体观察、整体推进。第一遍的颜色要尽量画准确，将静物的固有色和暗部先画出来。特别要注意不锈钢反光质感的表现，细致表现环境色和光源色，如图 4-19 所示。

（4）形体塑造。

局部着手，整体推进，对单个静物进行深入刻画。同时要注意画面的虚实、强弱、冷暖关系的变化，如图 4-20 所示。

图 4-19 组合静物绘制步骤二　马华军　作　　　图 4-20 组合静物绘制步骤三　马华军　作

（5）深入刻画与调整完成。

深入刻画要求准而精，一定要整体观察并处理好细节，不能影响整体关系。高光的笔触要清晰、明快，如图 4-21 所示。

三、学习任务小结

通过本次课的学习，同学们已经初步掌握了色彩静物绘制的基本方法和步骤，对色彩运用有了一些理论认识和实践经验。但要进一步提高，同学们还要反复地练习。这里补充一些范例供大家临摹学习，如图 4-22 ～图 4-27 所示。

图 4-21 组合静物绘制步骤四 马华军 作

图 4-22 水粉静物写生一　　图 4-23 水粉静物写生二　　图 4-24 水粉静物写生三

图 4-25 水粉静物写生四　　图 4-26 水粉静物写生五　　图 4-27 水粉静物写生六

四、课后作业

（1）临摹单个物体不少于 4 张。

（2）临摹组合静物 1 张，规格不小于 4 开。

（3）写生组合静物 1 张，规格不小于 4 开。

服装美术基础

学习任务 三 水彩绘画训练

教学目标

（1）专业能力：讲解水彩的基本知识和水彩的多种表现技法。

（2）社会能力：培养学生对事物的观察能力，提高发现美和认知美的能力。

（3）方法能力：培养学生多看、多听、多记、多思、多动的能力。

学习目标

（1）知识目标：掌握水彩的基本知识和水彩的多种表现技法。

（2）技能目标：能够熟练运平涂法、叠色法、渐变接色法、喷溅法、勾线法、晕染法、枯笔法、撒盐法、弹色法等表现技法。

（3）素质目标：具备一定的自主学习能力、观察能力、审美意识、创造能力、动手能力、沟通和表达能力、团队协作能力。

教学建议

1. 教师活动

（1）教师通过讲解水彩知识和展示水彩图片，让学生了解水彩画的知识点。

（2）教师示范各种水彩表现技法，并指导学生进行实训。

2. 学生活动

（1）学生认真听讲，主动思考，培养积极主动学习的习惯。

（2）观看教师示范各种水彩表现技法，并进行实训。

一、学习问题导入

各位同学，大家好！本次课我们一起来学习水彩画的知识，认识水彩画的基本表现技法，并通过绘制服装配饰掌握水彩的颜料特形和表现技巧。什么是水彩画？运用水彩画表现服装效果有什么特点？大家先看图4-28和图4-29两幅作品，思考上述问题。

图4-28 水彩服装画一

图4-29 水彩服装画二

二、学习任务讲解

1. 认识水彩画

水彩画是以水为媒介，调和颜料作画的一种绘画表现形式。水彩画利用水彩笔蘸取颜料，通过层层覆盖、晕染等技法，产生水色交融的画面效果。水彩画有多种绘制技法，适合表现清新、明快、湿润的画面效果。水分是水彩画的生命与灵魂，水分与颜料的比例、水分在纸上留下的痕迹等都可成为画面表现的重要因素。水彩画的颜料具有透明性，能够使画面产生明快、透明的视觉效果。

2. 水彩画的表现技法

水彩画的表现技法多种多样，要合理地运用水分在画面上渗透、流动、融合的特性。充分发挥水的作用，是画好水彩画的关键。

（1）平涂法。

平涂法是画出无笔痕和颜色均匀的色块的水彩画表现技法，可以根据需要使用干平涂法或者湿平涂法，如图4-30所示。

① 蘸取一些颜料与水调和均匀，让画笔充分浸入颜料，从左到右或者从上到下开始在画纸上平涂。

②画笔上的颜料要饱满，在绘画过程中不要将画笔中的颜料用尽再补色，否则画面干湿不均。

图 4-30 平涂法

（2）叠色法。

叠色法是将颜色一层层叠加在一起，使颜色达到重叠效果的水彩画表现技法。叠色时遍数不宜过多，以免画面变污浊，色彩变灰、变脏。叠色法分为干画法叠色和湿画法叠色。

干画法叠色是将水彩颜料在纸上着色并等纸面完全干透后，再涂下一层颜色，等颜料干透后会有明显的色彩重叠效果，如图 4-31 所示。

①用水彩笔蘸取一种颜色，均匀平涂在画纸上。

②待第一种颜色干透后，再绘制第二种颜色，以免颜色变浑浊。

图 4-31 干画法叠色

湿画法叠色注重水分控制和渲染时间的把控，在上一层颜料未干时就要进行下一层颜料的叠色，画面没有明显的界线，达到自然衔接的效果，如图 4-32 所示。

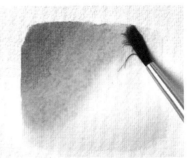

①蘸取部分颜料，调和适量的水，平涂在画纸上。

②在第一层颜色未干时，叠加第二层颜色，然后慢慢过渡，使画面的深浅变化自然呈现。

图 4-32 湿画法叠色

（3）渐变接色法。

渐变接色法中的渐变效果可以用一种颜色完成，也可以从一种颜色渐变到另一种颜色。在作画过程中，要注重对水分的控制。渐变接色法分为单色渐变接色法和多色渐变接色法。

单色渐变接色法是用一种颜料涂在纸上，在纸还没干时用画笔蘸取少量水分，将画纸上的颜料均匀地向空白处逐渐晕开，使颜色变浅的水彩画表现技法，如图 4-33 所示。

①蘸取部分颜料，调和适量的水，平涂在画纸上。

②在第一层颜色未干时，用大小合适、干净的笔蘸取少量的水，在颜色的一端慢慢向空白处晕开，达到渐变的效果。

图 4-33 单色渐变接色法

多色渐变是两种及以上的颜色递进分层，在渐变接色时注意色彩的浓度变化，过渡要柔和自然，不能有明显的分界线，使画面显得突兀。颜色的过渡可以由深到浅，也可以由浅到深，如图 4-34 所示。

①蘸取少量浅色颜料与水调和，在画面上涂色块。注意画面的水分不要干透。

②在第一层颜色还没干时，蘸取另一种颜色与水调和后接着第一种颜色绘画，过渡要自然。

图 4-34 多色渐变接色法

（4）喷溅法。

喷溅法是通过向画面上的颜料吹气，使颜料向四周喷溅，达到出其不意的自然发射效果的水彩画表现技法。喷溅法适合用于创意时装画，显得洒脱、自然、有张力，如图 4-35 和图 4-36 所示。

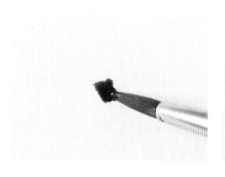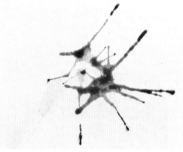

①用笔蘸取颜料与水调和，画笔上的颜料要饱满，将颜料滴在画纸上。

②用力将滴在纸上的颜料吹开，颜料会向周围喷溅开，力度决定线条的长度。

图 4-35 喷溅法一

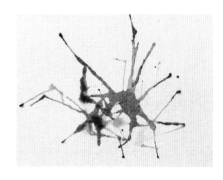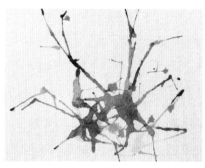

③向不同的方向吹，图案更丰富。

④根据需要，用不同的颜色组合得到想要的效果。

图 4-36 喷溅法二

（5）勾线法。

笔锋、运笔的方向和力度不同，可以绘制不同形态的线条。握笔时根据不同的需要选择不同的角度和位置。画粗线条可以握住距离笔头较近的地方；画细长的线条时，可以握住画笔的末端，细腻的线条可以用于刻画细节（图4-37）。

①画粗线条时用力下笔，使笔锋充分接触纸面，用笔要流畅。

②画细线条时，用笔锋画线，通过画笔的转动和力度变化表现线条的变化。

图4-37 勾线法

（6）晕染法。

晕染法是将画笔蘸上饱和的颜料，在湿润的画纸上从中间向四周扩散达到晕染效果的水彩画表现技法。其色彩效果柔和，具有朦胧的意境。晕染法分为单色晕染法和混色晕染法。

单色晕染法就是使用单一色彩晕染的方法，如图4-38所示。

①用清水在画纸上打湿需要晕染的部分。

②在纸面上的水未干时，用颜料从中间开始向四周晕染。

③晕染时要保证画笔上的颜料饱满，才能形成柔和的晕染效果。

图4-38 单色晕染法

混色晕染法是将画纸的一部分浸湿，涂上第一种颜色，并趁着第一种颜色未干时混合其他颜色，使色彩相互交融的一种水彩画表现技法，如图4-39所示。

①用清水打湿纸面，绘制第一种颜色。

②趁第一种颜色未干时，在第一种颜色边缘混入第二种颜色。

③绘画时要保证纸面上的水分未干就进行晕染，这样才能达到自然融合的效果。

图4-39 混色晕染法

（7）枯笔法。

枯笔法的特点是笔头的水较少，笔刷的颜料饱满，运笔迅速、流畅，画面出现飞白的效果，适用于质感较为粗糙的肌理，如图4-40所示。

①选择扁头或者扇形笔，蘸取颜色调和少量的水，从左到右运笔。

②不用再蘸取颜料，继续绘制。笔上的水分和颜料越来越少。

图4-40 枯笔法

（8）撒盐法。

在水彩颜料未干时撒上少许盐，干透后弹去盐粒，会出现别致的雪花纹理。盐具有吸水性，颗粒越大，吸收的颜色越多，雪花效果越明显，还可以粗细盐相结合，效果更加丰富，更有层次感，如图4-41所示。

①画笔上蘸取饱满的颜料，用晕染法，在画纸上绘制颜色。

②在颜料半干时撒上盐。盐的颗粒越密集，雪花效果也越明显。

③待纸上的颜料干透后，弹去盐粒。

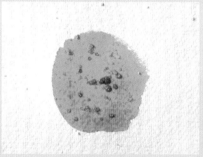

图4-41 撒盐法

（9）弹色法。

可以用水彩笔或者牙刷蘸取颜料往画纸上弹射色点。当纸张的干湿度不一时，呈现出的点的效果也不一样。在干燥的纸上飞溅颜料会得到清晰的点，在湿润的纸上飞溅颜料则会出现柔和且边缘晕染的点，如图4-42所示。

图4-42 弹色法

3. 服装配饰的水彩训练

（1）丝巾绘制。

丝巾是围在脖子上的服装配饰，用于搭配服装，起到修饰作用。随着样式、面料、色彩不断丰富，其装饰功能更加突出。丝巾绘制步骤如图4-43～图4-46所示。

步骤一：用铅笔画出丝巾的底稿，注意丝巾的褶皱变化。

步骤二：用画笔蘸取少量红色颜料绘制樱桃图案，注意高光部分的留白。用绿色颜料绘出樱桃梗，增加画面的层次感。

步骤三：绘制丝巾的正面，用清水和颜料调和成天蓝色进行绘制，注意丝巾的转折和褶皱处需要加深颜色，增加丝巾的立体感。

步骤四：绘制丝巾的背光面，用清水和颜料调和成深蓝色进行绘制。最后，用小号勾线笔蘸白色颜料，点出星光，丰富画面的层次感。

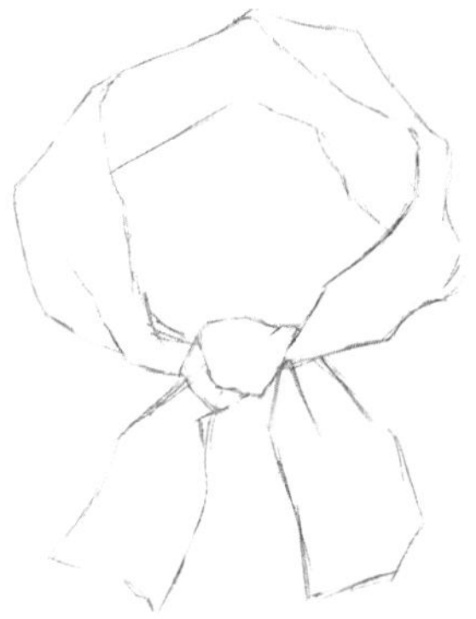

图4-43 丝巾绘制步骤一

图4-44 丝巾绘制步骤二

图4-45 丝巾绘制步骤三

图4-46 丝巾绘制步骤四

（2）帽子绘制。

帽子是一种戴在头部的服装配饰，多数可以覆盖头的整个顶部。帽子有防护、遮阳、装饰、保暖等作用。棒球帽是一种帽檐向外伸延的帽子，用来遮挡阳光，形状酷似鸭舌，故也称为"鸭舌帽"。其绘制步骤如图4-47～图4-49所示。

步骤一：用铅笔起稿，确定帽子的形态和图案的位置，注意帽子的角度和透视关系。

步骤二：调制浅土黄色和深土黄色绘制帽子的固有色，注意表现出帽子的立体感。

步骤三：仔细画出帽子的图案，用深色加深帽子和图案的暗部，增强帽子与图案的立体感。用褐色和黑色分别勾勒出帽子的分割线与缝纫线，并加深底檐的暗部。

图 4-47 帽子绘制步骤一

图 4-48 帽子绘制步骤二

图 4-49 帽子绘制步骤三

三、学习任务小结

通过水彩表现技法的练习，同学们初步掌握了水彩画技法的绘制要领。通过服装饰品的水彩训练，掌握了水彩的绘制步骤。课后，同学们要对水彩技法进行反复练习，熟练掌握水彩的表现技巧。

四、课后作业

收集你感兴趣的服装配饰的图片，选取一款配饰用水彩画绘制出来。

学习任务

四

马克笔绘画训练

教学目标

（1）专业能力：讲解马克笔工具的特点和马克笔的表现技法。

（2）社会能力：培养细致、认真、严谨的绘画习惯。

（3）方法能力：培养学生的艺术表现能力和艺术审美能力。

学习目标

（1）知识目标：了解马克笔的笔触特点和表现技法。

（2）技能目标：能够熟练运用马克笔表现服装配饰。

（3）素质目标：具备严谨、细致、认真的品质和团队协作精神。

教学建议

1. 教师活动

（1）教师讲解马克笔的基础知识，提高学生对马克笔的认识。

（2）教师示范马克笔的使用方法，指导学生进行马克笔练习。

2. 学生活动

（1）学生认真听讲，主动思考，了解马克笔的工具特点。

（2）学生观看教师示范马克笔的使用方法，并进行马克笔练习。

一、学习问题导入

同学们，先观察图 4-50～图 4-52，请问这些作品是用什么工具绘制的？它们带给你怎样的视觉感受？这些画与水彩画相比有哪些区别？

图 4-50 服装效果图 李貌 作　　图 4-51 服装效果图 丁香 作　　图 4-52 配饰效果图 丁香 作

二、学习任务讲解

1. 认识马克笔

马克笔是一种快速、便捷的绘画工具，一直以来都受到服装设计师的青睐。马克笔有三种类型：油性马克笔、酒精马克笔和水性马克笔。油性马克笔具有速干、耐水、颜色柔和的特点，且适于多次叠加。酒精马克笔的主要成分是染料、变性酒精和树脂，易挥发，使用完需要盖紧笔帽，具有速干、防水、笔触明显等特点。水性马克笔颜色亮丽，色彩光泽度高。

2. 马克笔绘制注意事项

（1）用笔要肯定，笔触要刚直有力，笔触清晰、明显，色彩丰富。

（2）在上色过程中，用笔的遍数不宜过多。在第一遍颜色干透后，再进行第二遍上色，而且要准确快速，否则会出现晕开的现象，画面会变污浊。

（3）在色彩叠加时，应先画淡色，再覆盖深色。

（4）用马克笔表现时，笔触大多以排线为主，要注意线条的规律性、方向性、粗细和疏密，也可适当运用排笔、点笔、扫笔、转笔等方法上色。

（5）可以适当结合彩铅、水彩进行作画，增加画面的层次感。

3. 马克笔的基本笔触

马克笔笔头有方头和尖头两种：方头笔触方正、硬朗；尖头笔触纤细。在用笔的过程中，如果采用扫笔、按压、停顿、回笔等方式，再配合不同的力度和速度，笔触就会更加灵活多变，如图 4-53 和图 4-54 所示。

（1）排线。用马克笔方头一端倾斜 45°，均匀地向同一方向绘画，起笔和收笔时颜色较重。可从左到右或从上到下用笔，可用于大面积铺色。

（2）扫笔。与排线的用笔方式一样，区别是扫笔笔触起笔较重，收笔时笔尖离开纸面，完成扫的过程。这种方式常用于色彩的过渡或者渐变。

（3）细面。用方头斜面顶端绘制出较细的面，常用于小快面或者肌理表现。

（4）转笔。也称飞笔，通过方头截面快速运笔，旋转笔的方向，收笔时笔逐渐离开纸面飞起，调整运笔力度、角度和转笔速度可绘出不同长短、不同效果的笔触。多用于绘制褶皱等。

（5）细线。用方头斜面尾端的棱角接触纸面，绘制出较细的线条，一般用于线条衔接。当线条有角度的变化时，会出现线条的粗细变化。

（6）勾勒。用马克笔尖头一端涂绘，尖笔头可以灵活绘出变化丰富的线条，也可绘出饱满的圆点，常用于轮廓勾勒、转折处、褶皱、细节的绘制。

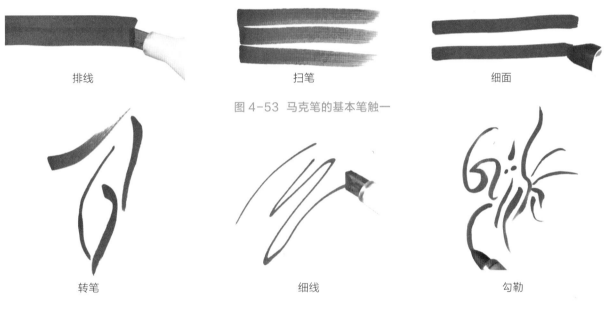

排线　　　　　　　　　　扫笔　　　　　　　　　　细面

图 4-53　马克笔的基本笔触一

转笔　　　　　　　　　　细线　　　　　　　　　　勾勒

图 4-54　马克笔的基本笔触二

4. 马克笔的基本表现技法

（1）平涂法。

平涂方式有排线平涂、来回平涂和打圈平涂。排线平涂较为整洁，来回平涂较为快速，打圈平涂较为随意。在平涂时可根据画面的需要进行留白或者填满颜色，如图 4-55 所示。

①排线平涂。运用排线笔触进行铺色会出现明显的笔触，笔触重叠的地方颜色较深。

②来回平涂。这种平涂法与排线法类似，但在起笔后不停顿，平涂过程中不收笔，待到整个画面绘制完成后再收笔。

③打圈平涂。由于马克笔笔头方正，不易于打圈，打圈平涂后会出现颜色不均匀的情况。

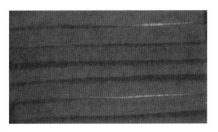  

排线平涂　　　　　　　　来回平涂　　　　　　　　打圈平涂

图 4-55　平涂法

（2）叠加法。

叠加法是马克笔绘制时最常用的方法，通过颜色的叠加，可以很好地区分明暗，达到色彩的自然衔接和过渡，增强画面的层次感。叠加法要形成色彩自然渐变的效果，叠加前需要注意叠加处的颜色是否已经干透，如果上一层颜色还未干透，叠加第二层颜色时会出现晕开的现象，并且画面会变污浊，色彩变灰、变脏。叠加颜色时不宜遍次数过多，否则会导致画面脏乱。颜色叠加不仅限于单色，还可以是同一色系或不同色系的多种颜色叠加。叠加法包括排线叠加法和扫笔叠加法两种。

排线叠加法是运用排线的笔触进行颜色叠加。先通过排线平涂第一层颜色，待第一层颜色干透后，从画面的一端进行下一层色彩的叠加，如果深浅对比明显，可进行第三层颜色的叠加。在进行多色叠加时要注意颜色深浅的叠加顺序，一般按照由浅到深的顺序，如图 4-56 所示。

①在画面中用排线平涂法绘制出第一层颜色。

②单色叠加，第一层颜色干透后，从画面的一端进行第二层颜色叠加。

③多色叠加，应该注意颜色的深浅上色顺序。

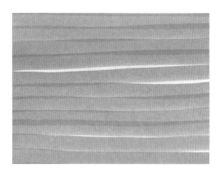

图 4-56 排线叠加法

扫笔叠加法是运用扫笔笔触进行颜色的叠加。同样是在第一层颜色干透后再进行下一层颜色的叠加。在叠加时，要注意运笔过程中不能过于僵硬，如图 4-57 所示。

①运用扫笔或者排线笔触绘制一层底色。

②单色叠加，选择从画面的一端开始，再以扫笔的方式叠加第二层颜色。

③多色叠加，用与第一层不同的颜色叠加，同一色系的颜色会更和谐。

图 4-57 扫笔叠加法

5. 服装配饰的马克笔训练

（1）眼镜绘制。

眼镜由镜框、镜片、镜腿、鼻托等组成。绘制眼镜线稿时要注意眼镜的透视关系，以及线条的流畅度和虚实关系。上色的过程中要注意表现光影的方向以及光影对镜片的影响。镜片的颜色越深，反光度越高，颜色对比越明显。眼镜绘制步骤如图 4-58 ~图 4-61 所示。

步骤一：用铅笔绘出眼镜的线稿，注意近大远小的透视关系。

步骤二：用颜色较浅的马克笔方头一端绘出眼镜的整体颜色并留白。

步骤三：用深色马克笔加强眼镜的层次感，注意镜框的明暗表现。

步骤四：深入刻画细节，用高光笔绘出镜框和镜片的反光部分。

图 4-58　眼镜绘制步骤一

图 4-59　眼镜绘制步骤二

图 4-60　眼镜绘制步骤三

图 4-61　眼镜绘制步骤四

（2）挎包绘制。

挎包根据样式大致分为手提包、单肩包、双肩包、斜挎包等，根据面料分为皮质包、布包、PVC 包等。每种包的特性都不一样，为了更好地表现出挎包的款式特点，就要研究包的材质、色彩和结构。在绘制挎包时，还要注意透视和比例关系。挎包绘制步骤如图 4-62 ～图 4-64 所示。

步骤一：用铅笔起稿，绘制出挎包的轮廓和金属扣。

步骤二：绘制出挎包的固有色和金属扣固有色，注意适当留白。

步骤三：深入刻画细节。用针管笔绘制出挎包的外形和车缝线，用高光笔表现挎包的光泽和金属扣的反光。

图 4-62　挎包绘制步骤一

图 4-63　挎包绘制步骤二

图 4-64　挎包绘制步骤三

（3）鞋子绘制。

绘制鞋子的重点在于理解鞋子的结构特点。在绘制鞋子时，要充分了解鞋子的高度、材质、工艺和色彩。要注意鞋楦各个弧线的变化和起翘的变化，不同高度的鞋楦有不同的曲线。还要注意鞋子的材质表现，鞋子的光泽度越高，越容易反光。鞋子的绘制步骤如图 4-65 ~ 图 4-67 所示。

步骤一：用铅笔绘制出鞋子的线稿，注意鞋子的结构特征和透视关系。

步骤二：用马克笔方头结合细头绘出鞋子的暗部色彩。

步骤三：用浅色马克笔绘制出鞋子的受光面和反光部分，表现鞋子的光泽度和明暗关系。深入刻画鞋子的细节，用高光笔绘出鞋子的高光部分。

图 4-65 鞋子的绘制步骤一

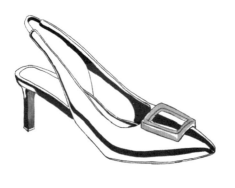

图 4-66 鞋子的绘制步骤二

图 4-67 鞋子的绘制步骤三

三、学习任务小结

通过本次任务的学习，同学们对马克笔的表现有了一定的认识，学会了马克笔的基本绘制方法，掌握了运用马克笔绘制服装配饰的方法和步骤。课后，大家要多练习马克笔绘画，提升马克笔绘画的技能。

四、课后作业

收集感兴趣的服装配饰图片，选取一款服装配饰用马克笔进行绘制。

项目五
服装美术基础优秀作品赏析

学习任务 一 优秀素描作品赏析

教学目标

（1）专业能力：鉴赏优秀素描作品，提升学生艺术审美能力和艺术鉴赏能力。

（2）社会能力：讲解优秀素描作品的创作背景、风格流派和艺术特征。

（3）方法能力：培养学生资料收集能力、作品分析与理解能力、语言表达及沟通协调能力。

学习目标

（1）知识目标：能分析和鉴赏优秀素描作品的内容及表现形式。

（2）技能目标：能够用文字阐述素描作品的意义及艺术价值。

（3）素质目标：具备较好的艺术素养和艺术审美能力。

教学建议

1. 教师活动

（1）教师通过展示和分析优秀素描作品，引导学生对优秀素描作品进行深层次的理解。

（2）引导学生发掘优秀素描作品的内涵，并进行提炼和总结。

2. 学生活动

（1）认真聆听教师的讲解和分析，积极思考，提升综合审美能力。

（2）查阅相关资料，深度解析优秀素描作品。

一、学习问题导入

著名画家马蒂斯说："素描属于心灵,而色彩属于感官。"线条能创造比色彩更持久、永恒的世界,当色彩褪去,线条依然能够永恒存在。面对优秀的素描作品,有时由于观赏者知识的局限无法深入理解作品的内涵。本次课,我们一起来学习如何鉴赏优秀的素描作品,引导同学们从专业的角度欣赏优秀的素描作品,深刻理解作品的内涵和价值,提高美学素养。

二、学习任务讲解

1. 艺术大师素描作品赏析

（1）毕加索素描作品赏析。

毕加索(1881—1973年),西班牙著名画家、雕塑家,现代艺术的创始人之一,西方现代派绘画的主要代表。毕加索是一位不断变化艺术手法的探求者,他从印象派、立体主义、野兽派的艺术手法中学习并形成自己的风格。他的各种艺术风格中都保持了自己粗犷的个性,而且各种手法能达到统一与和谐。毕加索的艺术生涯几乎贯穿其一生,作品风格丰富多样,后人用"毕加索永远是年轻的"的说法形容毕加索多变的艺术形式。毕加索的作品早年为"蓝色时期""粉红色时期",中年为"黑人时期""分析和综合立体主义时期",晚年为"超现实主义时期"。

毕加索毕生致力于绘画革新,利用西方现代哲学、心理学和自然科学的成果,并吸收民族、民间艺术的营养,创造出了很有表现力的艺术语言。他的极端变形和夸张的艺术手法,在表现畸形的社会和扭曲的人际关系方面有独特的力量。毕加索的绘画造型手段丰富,色彩与线的运用娴熟,作品的艺术价值极高。

《女子与马》是毕加索的一幅素描作品。画面运用立体主义和超现实主义的表现手法,采用剧烈变形、扭曲和夸张的笔触来表现抽象的造型形态,表现了痛苦、受难和兽性的内涵,也表达了毕加索复杂的情感,如图5-1所示。

《格尔尼卡》（图5-2）是毕加索于20世纪30年创作的一幅巨型油画,长7.76m,高3.49m。该画是以法西斯纳粹轰炸西班牙北部巴斯克的重镇格尔尼卡、杀害无辜平民的事件为背景创作的。作品采用了象征主义手法和单纯的黑、白、灰三色营造出低沉、悲凉的画面氛围,体现出浓厚的悲剧性色彩,表现了对法西斯的控诉。

图 5-1 《女子与马》
毕加索 作

图 5-2 《格尔尼卡》
毕加索 作

（2）梵·高素描作品赏析。

梵·高（1853—1890年），荷兰著名画家，后印象派代表性画家。他是表现主义的先驱，并深深影响了20世纪的艺术，尤其是野兽派与表现主义。梵·高对农民、田野风光、日常生活有着很大的热情。他热爱生活，凭借着自己敏锐的艺术感知力，深情地、细致地描绘着质朴、自然的风景、静物及人物，他也因此被称为"画家中最纯粹的画家"。与那些华丽璀璨的绘画相比，梵·高的画更多表现的是朴实和隽永，他将自己无限的激情倾注于这些朴素的花朵和田野生活中，使画作产生了一种永恒的艺术魅力。

梵·高的绘画追求的是一种狂野的造型，厚重、粗犷的笔触，带来的是一种直率而又单纯的表现方式，带有一定的力量和强度，这与古典主义所追求的"忠实地表现自然"的绘画理念有很大的差异。梵·高画面中的形象在造型上都带有非常鲜明的个性。

梵·高的作品强调主观绘画，常运用高纯度的艳丽色彩和灵动、旋转的笔触表现内心的狂热，让画面充满动感和激情。其代表作《星夜》《向日葵》《露天咖啡馆》等，都是广为人知的珍贵的艺术作品。

《捆麦束的农妇》是梵·高的一幅素描作品，作品中人物的造型简洁、清晰，姿态平和、自然，表现出底层劳动者朴实、平静的性格。作品用笔简练，主次虚实关系处理得当，明暗关系描绘得较为细腻，让整个画面表现出优雅的氛围，如图5-3所示。

（3）达·芬奇素描作品赏析。

达·芬奇（1452—1519年）是意大利文艺复兴时期著名的艺术家，其代表作《蒙娜丽莎》《最后的晚餐》等享誉世界。达·芬奇主张绘画不仅要形似，而且要神似，要求画像在比例、透视等方面都必须精准，同时，它们的动态能表现出"心灵的意向"。达·芬奇的素描作品造型严谨，重视对人体结构的解剖，用笔细腻、精致，细节刻画丰富，线条灵动、飘逸，表现出高超的艺术表现水平，如图5-4和图5-5所示。

（4）丢勒素描作品赏析。

丢勒（1471—1528年）是德国著名画家、版画家。丢勒曾深研数学和透视学，并写下了大量笔记和论著，在透视法和人体解剖学方面也有很深入的研究。他创作了许多反映社会现实的绘画作品，同时也非常擅长画动物。丢勒的素描作品造型精准，形态生动，细节刻画精致、细腻，光影立体感强，写实效果突出，如图5-6和图5-7所示。

图5-3 《捆麦束的农妇》 梵·高 作

图5-4 《戴头盔的战士》达·芬奇 作

图5-5 《手部素描》 达·芬奇 作

图 5-6 《兔子》 丢勒 作　　　　　图 5-7 《祈祷之手》 丢勒 作

（5）安格尔素描作品赏析。

安格尔（1780—1867 年）是法国新古典主义代表画家、美学理论家和教育家。安格尔崇尚自然，代表他最高成就的人物创作是自然形象洗练化与古典造型理性化的完美结合。安格尔一生追求古典主义，强调古典理想化的平静、肃穆的美。安格尔的素描作品强调造型的准确性，对造型的刻画细腻、严谨，精益求精。画面中的线条干净、挺拔、流畅，富有生命力，给人以静谧的思绪和无尽的隽永，如图 5-8 所示。

（6）伦勃朗素描作品赏析。

伦勃朗（1606—1669 年）是欧洲 17 世纪最伟大的画家之一，也是荷兰历史上最伟大的画家之一。伦勃朗善于运用光线来表现物体的立体感，并营造画面氛围，伦勃朗对光的使用令人印象深刻，他灵活地处理复杂画面中的明暗光线，手法独特，用光线强化画

图 5-8 安格尔素描作品

面的主要部分，也弱化和消融次要因素。他的这种明暗处理构成了其画风中强烈的戏剧性色彩，也形成了伦勃朗绘画的重要特色。伦勃朗的素描作品造型严谨，笔触细腻，明暗关系强烈，细节刻画细致，给人以稳定、庄重的感觉，如图 5-9 和图 5-10 所示。

图 5-9 伦勃朗素描作品一　　　　　图 5-10 伦勃朗素描作品二

（7）费欣素描作品赏析。

费欣（1879—1955年）是俄罗斯著名画家。其素描作品受东方传统绘画的影响，素描头像用炭笔画在坚实光滑的纸上，笔触大气、豪放，呈现块面感，细节刻画细腻传神，画面效果精致、耐看，如图5-11和图5-12所示。

（8）列宾素描作品赏析。

列宾（1844—1930年）是俄罗斯杰出的批判现实主义画家，巡回展览画派重要代表人物。列宾创作了大量的历史画、风俗画和肖像画，表现了人民的贫穷、苦难，表达了对美好生活的渴望。列宾的素描作品人物造型准确，刻画精致细腻，画面空间感强。列宾善于捕捉人物的内心世界，让作品具有深刻的内涵，如图5-13和图5-14所示。

2. 优秀素描作品赏析

图 5-11　费欣素描作品一　　　　图 5-12　费欣素描作品二

图 5-13　列宾素描作品一　　　　图 5-14　列宾素描作品二

图 5-15　赵洋人物素描作品一　　图 5-16　赵洋人物素描作品二

点评：赵洋的人物素描作品用笔生动、传神，笔触细腻、精致，画面主次分明，虚实有度。人物的五官和头发刻画精细，衣服则简单概括。这种收放自如的表现方式让画面的整体效果既协调、统一，又富有变化。（图5-15、图5-16）

图 5-17 何石磊人物素描作品一

图 5-18 何石磊人物素描作品二

点评：何石磊的人物素描作品造型精准，用笔细腻，细节描绘写实、逼真。人物的表情和神态刻画得栩栩如生，整个画面效果协调、统一，精致而又不刻板。（图 5-17、图 5-18）

点评：蒋铭科的人物素描作品造型准确，用笔细腻。画面虚实关系处理较好，五官刻画精细，头发则寥寥数笔，显得非常飘逸。人物的表情和神态描绘得非常生动，整个画面效果给人轻松、自然的感觉。（图 5-19、图 5-20）

图 5-19 蒋铭科人物素描作品一

图 5-20 蒋铭科人物素描作品二

点评：刘斌的人物素描作品造型精准，比例和结构严谨，用笔细腻、精致。画面的空间关系处理较好，进深感强。人物的表情和体态描绘得生动、自然，整个画面效果给人极强的视觉冲击力。（图 5-21）

图 5-21 刘斌人物素描作品

点评：江振坤的静物素描作品画面构图严谨，黑白灰关系清晰，运用光线推移产生颜色渐变，让静物的体积感和立体感更加突出。画面的细节刻画细致，物体的质感和光感表现非常到位，整体效果和谐、生动。（图5-22、图5-23）

图 5-22 江振坤静物素描作品一　　图 5-23 江振坤静物素描作品二

点评：郑乃器的静物素描作品画面构图新颖，造型严谨，按照设计素描的方式将静物的结构进行解剖处理，让静物的明暗关系更加突出。（图5-24）

图 5-24 郑乃器静物素描作品

三、学习任务小结

　　本次课通过赏析艺术大师和画家的优秀素描作品，让同学们初步了解了人物素描和静物素描的鉴赏方法，认识并了解素描不同的表现形式。课后，大家要收集更多优秀的素描作品，并深入研究作品的创作背景、风格和艺术特色，不断提高自身的审美水平。

四、课后作业

　　收集 20 幅艺术大师的素描作品，并制作成 PPT 进行讲解。

学习任务 二 优秀速写作品赏析

教学目标

（1）专业能力：鉴赏优秀速写作品，提升学生的艺术审美能力和艺术鉴赏能力。

（2）社会能力：讲解优秀速写作品的创作背景、风格流派和艺术特征。

（3）方法能力：培养学生的资料收集能力、作品分析与理解能力、语言表达及沟通协调能力。

学习目标

（1）知识目标：能分析和鉴赏优秀速写作品的内涵及表现形式。

（2）技能目标：能够用文字阐述速写作品的意义及艺术价值。

（3）素质目标：具备较好的艺术素养和艺术审美能力。

教学建议

1. 教师活动

（1）教师通过展示和分析优秀速写作品，引导学生对优秀速写作品进行深层次的理解。

（2）引导学生发掘优秀速写作品的内涵，并进行提炼和总结。

2. 学生活动

（1）认真聆听教师的讲解和分析，积极思考，提升综合审美能力。

（2）查阅相关资料，深度解析优秀速写作品。

一、学习问题导入

　　本次课选取了大量具有代表性的速写作品进行分析和讲解，希望能引导大家对优秀速写作品进行深刻理解和剖析，提高对速写作品的认知，提升审美素养。

二、学习任务讲解

1. 艺术大师速写作品赏析

（1）马蒂斯速写作品赏析。

　　马蒂斯（1869—1954 年）是法国著名画家、雕塑家、版画家，野兽派创始人和主要代表人物。马蒂斯的艺术是极其简练的，带有平面装饰性，他的伟大之处在于能够超越令人乏味的装饰手法，创造出"大装饰艺术"的概念。

　　马蒂斯的速写作品深受东方艺术的影响，线条简洁明了，轻松自然，极具装饰韵味。他用最纯粹、最直接的方式表达情感，让画面表现出简约、宁静的气质，如图 5-25 所示。

图 5-25　马蒂斯速写作品

（2）劳特累克速写作品赏析。

　　劳特累克 (1864—1901 年) 是法国画家。作为艺术的革新者，他以描绘巴黎蒙巴特尔地区豪放不羁的酒吧夜生活和表演艺人著称。劳特累克是一位完全独立的画家，他讨厌一切理论和派别。人物是他唯一的作画题材，他习惯把描绘的对象看成是一个整体进行刻画，他善于捕捉人物的表情和动态，并发掘人物的内心世界。他的画风简洁明快，感性而率直。劳特累克的速写作品用笔轻松、帅气，线条潇洒、灵动，充满节奏感和韵律感，如图 5-26 所示。

图 5-26　劳特累克速写作品

（3）德加速写作品赏析。

德加（1834—1917年）是法国印象派的重要画家。他擅长画舞女，总是运用干净、流畅的线条和清晰的明暗表现舞女优美的姿态和跳舞场景。德加的速写作品构图严谨，线条生动，具有一定的装饰感，如图5-27所示。

图 5-27　德加速写作品

（4）罗丹速写作品赏析。

罗丹（1840—1917年）是法国著名的雕塑艺术家，其代表作《思想者》《加莱义民》《巴尔扎克》等都享誉世界。罗丹的速写作品线条轻松、灵动，如行云流水一般，极具装饰韵味。其造型的概括性较强，能抓住人物的主要特征和典型姿态进行描绘，虚实关系也处理得十分自然，如图5-28所示。

图 5-28　罗丹速写作品

（5）门采尔速写赏析。

门采尔（1815—1905 年）是世界著名的素描大师，德国画家，也是欧洲著名的历史画家和风俗画家。门采尔一生为世界留下 7000 余幅素描作品和 80 余本素描集和速写集，他广泛而深刻地表现了德国的社会生活风俗，尤其是对德国工业生产和工人生活的描绘。他善于在生活中抓住精彩动态，并诠释得淋漓尽致。同时，他也善于抓住人物在生活中的瞬间和掌控画面氛围，线条的表现极具美感，如图 5-29 所示。

（6）布洛欣速写作品赏析。

布洛欣是俄罗斯列宾美术学院的教授，其速写作品采用线面结合的方式，具有强烈的明暗光影效果和立体感。布洛欣的速写作品用线生动、自然，细节刻画精致，人物的动态和表情都描绘得清晰而细致，如图 5-30 所示。

2. 优秀速写作品赏析

图 5-29　门采尔速写作品

图 5-30　布洛欣速写作品

图 5-31　蒋惠人物速写作品

点评：蒋惠的人物速写作品造型严谨，人物的姿态和比例描绘精准，线条轻松、流畅，画面中的虚实关系处理到位，作品的整体感较强。（图 5-31）

点评：杨煌的人物速写作品造型精准，画风飘逸洒脱，用笔轻松、灵活，线条生动活泼。其作品既注重形态的塑造，又不失局部细节的生动刻画，精致而耐看。（图5-32）

图 5-32　杨煌人物速写作品

点评：于小冬的人物速写作品造型准确，比例和透视关系精准，画面的虚实和明暗关系处理得当，线条生动、传神，极具艺术表现魅力。（图5-33）

图 5-33　于小冬人物速写作品

点评：朱丹的动态速写作品抓住了人物瞬间的运动姿态，造型生动，动作舒展，人物的比例准确，线条轻松、自然，极具张力。（图5-34）

图 5-34　朱丹动态人物速写作品

图 5-35　吴冠英人物速写作品

三、学习任务小结

本次课通过赏析艺术大师和画家的优秀速写作品，让同学们初步了解了速写的表现形式和鉴赏方法。课后，大家要收集更多优秀的速写作品，并深入研究作品的创作背景、风格和艺术特色，不断提高自身的审美水平。同时，同学们要多练习速写，进行现场的写生训练，逐步提高自己的速写水平。

四、课后作业

收集 20 幅艺术大师的速写作品，并制作成 PPT 进行讲解。

学习任务 三 **优秀色彩作品赏析**

教学目标

（1）专业能力：鉴赏优秀色彩作品，提升学生的艺术审美能力和艺术鉴赏能力。

（2）社会能力：讲解优秀色彩作品的创作背景、风格流派和艺术特征。

（3）方法能力：培养学生的资料收集能力、作品分析与理解能力、语言表达及沟通协调能力。

学习目标

（1）知识目标：能分析和鉴赏优秀色彩作品的内涵及表现形式。

（2）技能目标：能够用文字阐述色彩作品的意义及艺术价值。

（3）素质目标：具备较好的艺术素养和艺术审美能力。

教学建议

1. 教师活动

（1）教师通过展示和分析优秀色彩作品，引导学生对优秀色彩作品进行深层次的理解。

（2）引导学生发掘优秀色彩作品的内涵，并进行提炼和总结。

2. 学生活动

（1）认真聆听教师的讲解和分析，积极思考，提升综合审美能力。

（2）查阅相关资料，深度解析优秀色彩作品。

一、学习问题导入

色彩能引起人们共同的审美情感，也是画面表现力的要素之一，因为它直接影响人们的情感体验。本次课主要鉴赏优秀色彩作品，选取了具有代表性的优秀色彩作品进行分析和讲解，希望能引导大家深刻理解优秀色彩作品的构图方式、色彩搭配规律、笔触处理技巧和细节刻画方法，提高自身的美学素养。

二、学习任务讲解

1. 艺术大师油画色彩作品赏析

（1）大卫油画色彩作品赏析。

大卫（1748—1825年）是法国新古典主义美术的领导者，在法国美术史上占有重要地位，其作品严谨质朴，气势宏伟。大卫常选择严肃的重大题材进行描绘，在艺术形式上强调理性而非感性的表现。在构图上强调完整性，在造型上重视素描和轮廓，表现雕塑般的人物形象。色彩凝重而写实，注重表现色彩的明暗光影变化。

《拿破仑跨越阿尔卑斯山》是大卫的代表作之一，画家塑造了一个神气十足、理想化的拿破仑形象，他跨上骏马，威风八面，背后是绵延的山丘，山上有行进的军队。此画表现出拿破仑英明神武的形象和非凡的气质，如图5-36所示。

图5-36《拿破仑跨越阿尔卑斯山》
大卫 作

（2）安格尔油画色彩作品赏析。

安格尔善于把握古典艺术的造型美。他从古典美中得到一种简练而单纯的风格，始终以温克尔曼的"静穆的伟大，崇高的单纯"作为自己的绘画原则。在绘画技巧上力求线条干净和造型平整。他的每一幅画都力求做到构图严谨、色彩单纯、形象典雅，这些特点尤其突出地体现在他的一系列人物绘画作品之中，如图5-37所示。

图5-37 安格尔的肖像油画作品

（3）莫奈油画色彩作品赏析。

莫奈（1840—1926年）是法国著名画家，被誉为"印象派领导者"，是印象派代表人物和创始人之一。莫奈擅长光与影的实验与表现技法，他最重要的特点是改变了阴影和轮廓线的画法。在莫奈的画作中看不到非常明确的阴影，也看不到突显或平涂式的轮廓线，光和影的色彩描绘是莫奈绘画的最大特色。莫奈对色彩的运用相当细腻，他用许多相同主题的画作来实验色彩与光的表现。莫奈曾长期探索光色与空气的表现效果，常常在不同的时间和光线下用多幅画作对同一对象进行描绘，从自然的光色变幻中抒发瞬间的感觉，如图5-38和图5-39所示。

图5-38 《池塘·睡莲》 莫奈 作

（4）塞尚油画色彩作品赏析。

塞尚（1839—1906年）是法国后印象主义派画家。他的作品和理念影响了20世纪许多艺术家和艺术运动。塞尚的最大成就是对色彩与明暗的精辟分析，颠覆了以往的视觉透视点，空间的构造从混合色彩的印象里抽离出来，使绘画领域正式出现纯粹的艺术。这是以往任何绘画流派都无法做到的。因此，他被誉为"现代艺术之父"。他认为形状和色彩是不可分离的，用几何的笔触在平面上涂色，逐渐形成画的表面。他主张不要用线条、明暗来表现物体，而是用色彩对比来表现。他采用色的团块表现物象的立体感和深度，利用色彩的冷暖变化造型，用几何元素构造形象，如图5-40所示。

图5-39 《撑阳伞的女人》 莫奈 作

图5-40 组合静物 塞尚 作

（5）毕加索立体主义油画色彩作品赏析。

毕加索立体主义时期的绘画强调不要去描绘客观物体的外表形态，而是把客观物体引入绘画，从而将表现具象的物体本身和表现抽象的结构形态综合起来。按照传统的透视法，物体只给人一种固定的感觉，多重透视的画法是不允许的。毕加索开创了立体主义的造型方法，就是要通过画面同时表现人（有脸有背）的所有部分，而不是像传统画法那样以一个固定视点去表现形象。同时，立体主义崇尚运用单纯的色彩来表现物象的本质，如图 5-41 和图 5-42 所示。

图 5-41 《坐在窗前的女人》 毕加索 作　　　图 5-42 《吉他手和女人》 毕加索 作

（6）马蒂斯油画色彩作品赏析。

马蒂斯以使用鲜明、大胆的色彩而著名。他一生致力于研究如何将物体几何化、简化，将大块的鲜明色彩作为画面的主色调，既富有装饰性，又具有空间深度，如图 5-43 和图 5-44 所示。

图 5-43 《红色的和谐》 马蒂斯 作　　图 5-44 《玫瑰色外套》 马蒂斯 作

（7）克里姆特油画色彩作品赏析。

克里姆特（1862—1918 年）是奥地利象征主义画家，他创办了维也纳分离派。克里姆特经常使用工艺的手法将羽毛、金属、玻璃、宝石等材料融入画作中，以平面化的装饰图案组成作品，使作品具有华丽的装饰效果。他的作品构图严谨细致，除人物面部和身体裸露部分外，其余的服饰和背景都充满抽象的几何图案，这种修长变形与写实相结合的造型被包围在充满抽象、象征甚至神秘的气氛中，具有神秘的装饰美。但是，绚烂豪华的外表却也蕴含着人类苦闷、悲痛、沉默与死亡的悲剧气氛，如图 5-45 所示。

图 5-45　《吻》克里姆特　作

（8）波洛克油画色彩作品赏析。

波洛克（1912—1956 年）是美国抽象表现主义绘画大师。他创造性地使用"滴画法"，把巨大的画布平铺于地面，用钻有小孔的盒、棒或画笔把颜料滴在画布上。其创作不做事先规划，作画没有固定位置，他喜欢在画布四周随意走动，用反复的、无意识的动作画成复杂难辨、线条错乱的网，人称"行动绘画"。此画法构图设计没有中心，结构无法辨识，具有鲜明的抽象主义特征，如图 5-46 和图 5-47 所示。

图 5-46　波洛克在作画

图 5-47　《薰衣草之雾》　波洛克　作

2. 优秀色彩作品赏析

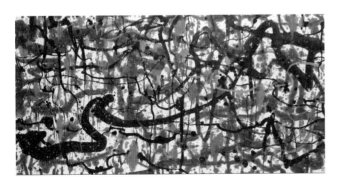

图 5-48　《藤》吴冠中　作

点评：著名画家吴冠中先生的作品《藤》融合了中国水墨画的意境与西洋油画的色彩，表现了强烈的笔墨韵味和形式美感。作品中大量运用了线的元素，将线作为主要的造型表现手段，用线来抒发情感和描绘意境，画面中的线条或纤细，或环绕，或重复，或洒脱，极具节奏感和韵律感。他用现代设计的审美法则和图形表现语言，把东方水墨画和西方油画两种不同的艺术形式进行糅合，让画面体现出意境美、形式美和文化美，有着极高的美学价值。（图 5-48）

点评：丁绍光先生的画作《云南风情》将中国传统艺术与西方现代艺术相结合，创造出一种以重彩和线描为特色的现代中国画。他的画作不仅色彩华丽繁复，鲜活灵动，装饰感极强，而且画作中蕴含着一种动人的情感，富有浪漫主义色彩。他的画作的构图将历代青铜器的装饰构图、民间画的装饰构图和西方现代派画家的立体构图等方法融会贯通，形成了风格鲜明的装饰性构图。在画法上，他大量采用中国的透视法，形成既传统又现代的独特透视风格，把中国的单面画改成了双面画，呈现出立体效果。（图5-49）

图 5-49 《云南风情》丁绍光 作

点评：郭振山的水粉静物画最显著的特点是画面干净，色彩鲜明，笔触清晰，富有块面感。其静物的质感较好，笔下的水果有着玲珑欲滴的感觉。整个画面构图饱满，细节刻画细腻，明暗关系突出，空间感强烈。（图5-50）

图 5-50 水粉静物作品 郭振山 作

点评：西班牙画家 Faustino Martin 的水彩风景写生作品构图严谨，色彩艳丽、生动、明快，表现出唯美的画面效果。画面主要运用水彩的湿画法描绘景物，整个画面呈现出玲珑剔透的意境，以及清爽、自然的视觉效果。（图5-51）

图 5-51 Faustino Martin 水彩风景作品

点评：Chihi 的水彩人物作品造型简练，形态生动，用笔轻松、写意，色彩淡雅、明快，表现出灵动、轻盈的画面效果。画面主要运用水彩作画和上色，将水彩空灵、飘逸的特点充分展现了出来。（图5-52）

图 5-52　Chihi 水彩人物作品

点评：林闻琪的水彩人物作品以中国传统京剧旦角为表现对象，具有浓厚的民族风情，其人物造型精准，服饰和透视刻画精致，用笔轻松、写意，色彩纯净、透明、艳丽，表现出酣畅淋漓、自然洒脱的意境。（图5-53）

图 5-53　林闻琪水彩人物作品

三、学习任务小结

本次课通过赏析艺术大师的优秀色彩作品，让同学们初步了解了人物色彩、景物色彩和风景色彩的鉴赏方法，认识并了解了色彩不同的表现形式。课后，大家要收集更多优秀的色彩作品，并深入研究作品的创作背景、风格和艺术特色，不断提高自身的审美水平。

四、课后作业

收集 20 幅艺术大师的色彩作品，并制作成 PPT 进行讲解。

参考文献

[1] 王培娜 , 侯京鳌 . 服装设计速写 [M] . 北京 ： 化学工业出版社 ,2018.

[2] 唐伟 , 胡忧 , 孙石寒 . 时装设计效果图手绘表现技法 [M] . 北京： 人民邮电出版社 ,2018.

[3] 韩文超 . 人物速写 [M] . 北京： 人民邮电出版社 ,2013.

[4] 周至禹 . 设计色彩 [M] . 北京： 高等教育出版社 ,2016.

[5] 熊飞 . 素描静物从入门到精通 [M] . 武汉： 湖北美术出版社 ,2017.

[6] 江振坤 . 金牌导师素描静物临摹范本 [M] . 哈尔滨： 黑龙江美术出版社 ,2019.

[7] 林家阳 . 设计素描教学 [M] . 北京： 中国出版集团东方出版中心 ,2017.

[8] 祁达 . 对路素描几何体 [M] . 合肥： 安徽美术出版社，2019.